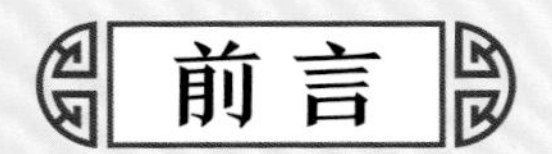

盛唐霓裳：服章之美，千载芳华

华夏汉服，荦荦大观，数千年积累的文化宝藏，博大精深，影响深远。无论是“金凤罗衣湿麝薰”，还是“俨冕旒兮垂衣裳”，都是中华民族优秀传统文化的精彩瞬间，也是当今文化自信的历史根基。

唐代服饰在继承传统汉服体系的前提下，积极吸收与融合外来服饰文化，不断推陈出新。款式方面，在传统衣裳制、衣裤制和深衣制的基础上，结合西域服饰特征，出现并流行了一种新的“袍服制”，也可称为“通裁制”。如男装中的圆领缺胯袍（衫），它上下一体，腰间没有界线，两侧开衩，是唐代常见的长款外衣。其中的“圆领交襟”，也不同于西域的圆领对襟、圆领套头衫的服饰形制，而是经历了一个明显的“汉化”过程。这是汉服体系中一种重要的形制，并影响了后世的公服体系。色彩方面，唐代建立起了等级分明的服色制度，加深了华夏衣冠中政治秩序的色彩表达。如官袍中的“紫、绯、绿、青”等颜色对应不同品级的制度，就是在唐朝确立的。

相比男装形制的简单与色彩应用的严苛，这一时期的女子服饰则多姿多彩，可谓中国服饰史上最为华丽绚烂的时期。上襦（衫）下裙是女子服饰的主要搭配方式，属于上衣下裳形制。这时的裙腰被提至胸线处，并用带子系扎，现在称之为“齐胸襦（衫）裙”，也成了唐代的标志性服饰。襦（衫）裙的上襦较短，领形有直领、圆领等样式。这一时期，还出现了袒领，类似于现在的超低领，展示了唐朝时人们思想的开放。

女子裙装的颜色丰富，普通妇女以穿红色的石榴裙为风尚，如武则天诗中云“看朱成碧思纷纷，憔悴支离为忆君。不信比来长下泪，开箱验取石榴裙”，用石榴裙来寄托对皇帝的思念。除此以外，还有用颜色对比鲜明的布料拼接的竖纹“间色裙”、搜集百鸟羽毛制作而成的“百鸟裙”和用撷染手法制成横纹的“鱼鳞裙”等，共同构成了五光十色的唐代女裙。

女着男装更是唐朝女子服装的一大特色，于秀美俏丽之中别具一番潇洒英俊的风度，这在中国历代王朝中实属罕见。《礼记 · 内则》中曾记载“男女不通衣裳”，以社会规则的形式对人们的衣着服饰做了规范，认为女子身穿男装是不守妇道、有违礼法的。但是在唐朝，女性身着男装却成了社会潮流。其中，太平公主更是代表人物，这也从侧面反映出唐朝开放自由的大国气度。

这一时期的衣冠，也成为华夏服饰体系欣欣向荣、影响深远的标志。如在日本飞鸟、奈良、平安三个时代中出现的男子圆领幞头、女子襦裙等服饰，便是在有意模仿唐装。在唐代文献中，屡屡可见用衣冠来代表其他族群对于中原政权的认同和向往。《唐律疏义》载：“中华者，中国也。亲被王教，自属中国，衣冠威仪，习俗孝悌，居身礼仪，故谓之中华。”就是其他族群通过对“衣冠”的认同，表示对中华文明的追随。往西，因为“丝绸之路”的开通，纺织品成为中西方经济、文化交流的重要物品之一，各种丝绸面料流通到中亚和西亚等地，受到当地人的热烈欢迎。“尘中生幻景，此间舞霓裳”，敦煌壁画上记录的各类伎乐天形象、雕塑等呈现的各种神灵衣饰，共同成就了丝绸之路上的锦绣无边。

我在唐朝穿什么

图解中国传统服饰

张梦玥 徐向珍 徐杰 杨娜——著
徐央——绘

江苏人民出版社

图书在版编目（CIP）数据

我在唐朝穿什么／张梦玥等著；徐央绘. —南京：江苏人民出版社，2024.10. —（图解中国传统服饰）.
ISBN 978-7-214-29676-4

Ⅰ.TS941.742.42-64

中国国家版本馆 CIP 数据核字第 2024U44Z06 号

书　　名	我在唐朝穿什么
著　　者	张梦玥　徐向珍　徐　杰　杨　娜
绘　　者	徐　央
项目策划	凤凰空间／翟永梅
责任编辑	刘　焱
装帧设计	毛欣明
特约编辑	翟永梅
出版发行	江苏人民出版社
出版社地址	南京市湖南路1号A楼，邮编：210009
总 经 销	天津凤凰空间文化传媒有限公司
总经销网址	http://www.ifengspace.cn
印　　刷	雅迪云印（天津）科技有限公司
开　　本	710 mm×1 000 mm　1/16
字　　数	295千字
印　　张	13.5
版　　次	2024年10月第1版　2024年10月第1次印刷
标准书号	ISBN　978-7-214-29676-4
定　　价	88.00元

今天的中国，伴随着大国综合实力的提升，文化自信意识的觉醒，汉服文化受到年轻一代的喜爱，在城市的马路上、高楼中、地铁里，随处可见身穿汉服的年轻人。汉服已然成为一种寄托年轻人对文化传承的热忱的符号，作为一种新的现代流行文化为人们所热爱。在汉服体系中，唐朝服饰自然也是重要的一笔，如 2023 年在西安举办的中国—中亚峰会上，唐灯、唐装、唐妆等千年的盛唐风貌被一一还原。又如在西安的大唐不夜城、洛阳古城，随处可见穿着唐代大袖衫、高腰襦裙的女子与穿着圆领袍、短褐的男子，他们的脸上无不洋溢着追求文化自信的骄傲神情。

回望唐朝，在那个歌舞升平、酒肆遍地的时代，服饰文化不仅特色鲜明，还有着“女扮男装”“时世妆”等一系列追求大胆张扬的自信之美。对于外来文明的兼容并蓄、为我所用，更是与今天中华盛世共建“一带一路”的倡议不谋而合。李白曾写下了“云想衣裳花想容，春风拂槛露华浓。若非群玉山头见，会向瑶台月下逢”这样华丽的诗句。从这些对衣服的描绘之中，我们依稀能够看见昔日的大国气象：那是一个开放、包容、强盛、自信、繁荣的朝代，是所有中国人共同历史记忆中为之骄傲的盛世大唐。

中央广播电视总台　杨娜

2024 年 10 月

目录

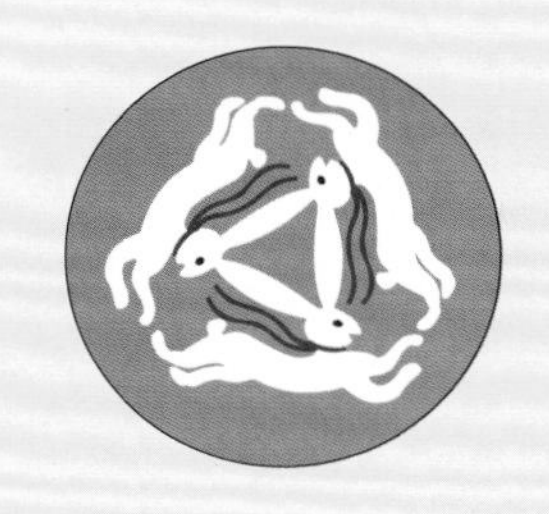

● 本书使用注意事项

本书的线稿尽量采用相关考古报告的数据，体现文物的结构线。但是受限于条件，有推测和省略的部分，可能存在与文物有出入的情况，并已在文中说明，请在使用时注意甄别。如遇更新，请以最新的考古信息为准。

本书效果图为综合考证之后的推定图，花色大多重新设计，非具体文物的完全复原，请注意甄别。

● 本书作者著写、绘图分工情况

张梦玥著第一章到第五章；徐杰著第六章；徐向珍著第七章；杨娜著第八章；徐央统筹绘图工作。

第一章

从内到外细细说

场景一　小娘子在婢女的服侍下在浴斛中泡澡

夜深了，长安的一处寻常宅邸里，一位待字闺中的姑娘，站在半人高的浴斛（浴桶）旁边，看婢女试好水温，便摘掉一应饰品，脱掉帔子，解开高腰间色长裙，脱掉对襟窄袖衫、汗衫，旋即脱掉长裤，最后脱掉打底的宝袜（bǎo mò，抹胸）、裈（kūn，内裤）、鞋、袜（脚上穿的袜子），进入浴斛中，坐在浴床上，十分惬意地享受婢女的搓背擦拭。旁边几上放着铜盆、帕子、皂荚、澡豆、面药、口脂等，笼罩在油灯柔和的光线中。

一、袜：穿在最里面的内衣

唐朝的袜（mò）不是指脚上穿的袜（wà）子，而是指用来约束胸部的贴身小衣。唐徐惠（唐太宗徐贤妃）《赋得北方有佳人》云："纤腰宜宝袜，红衫艳织成。"又有五代马缟《中华古今注·袜肚》载："袜肚，盖文王所制也，谓之腰巾，但以缯为之；宫女以彩为之，名曰腰彩。至汉武帝，以四带，名曰袜肚。"无论是宝袜还是袜肚，从描述推断应该是可以裹住胸腹部的样式，并用系带缠绕约束，当领口足够低时，方才能够隐隐约约地瞥见一点细节。明张自烈《正字通》对"袜"的注释也是女人的内衣。

古今为什么会有这样的差异呢？可能是跟文字的流变有关吧。现在我们理解的袜子，在古代写作"襪（wà）"，也就是"足衣"，现代的袜一般指脚上穿的袜子。

由于年代久远，目前没有发现保留下来的唐代女性的贴身内衣实物，而陶俑上也只能微微看到一点痕迹，无法得知具体的整体样式。

二、裈：藏起来的内裤

不像现代人，穿裙子可以搭配尼龙丝袜，或者单穿裙子，直接露出两条长腿，唐代女性的裙子底下是要穿长裤的。在长裤的里面，还要穿合裆的裈，也就是今天所称的内裤。但从目前出土的陶俑或壁画的人物形象中，只能看到露在最外面的裤脚，难以看到穿在最里面的裈的形状。推测其很有可能与男性的合裆裈（见本书第 10 页）近似。

男女的功能性服饰结构大体一致，区别在于细节。就像今天的衬衫，基本款式都一样，但通过不同细节，我们还是能够分辨出男女款式来。

三、袴：必穿的打底裤

穿在裈之外、又在裙子里面的是袴（kù，通“裤”）。裤的起源也很早，是华夏汉服体系中有独立起源的重要组成部分之一。河南省三门峡市上村岭西周虢仲墓就出土了一件合裆麻裤，距今约 2 700 年。

唐朝的裤具有类似于今天打底裤或者秋裤的功能，不能不穿，但是也不会直接穿在外面。在古代，穿裙子时默认就是要穿裤子，没有里面光腿的穿法。

唐代的女子喜欢穿收口的裤，这种裤长至脚面，收束或者翻折裤脚，在腰部前面开口、系束。新疆吐鲁番博物馆收藏有唐代女性的长裤实物，大概能够看出其款式。

▲ 河南三门峡西周虢仲墓出土的合裆麻裤
图片引自李清丽，刘剑，贾丽玲，周旸．河南三门峡虢国墓地 M2009 出土麻织品检测分析［J］．中原文物，2018（04）：125-128.

▲ 裤效果图
花纹根据夹缬绢绿地蛱蝶团花飞鸟纹重新设计，徐央、木月绘

▲　身着长裤的女俑形象
根据陕西西安隋炀帝大业二年（606）柴恽墓出土的无臂女俑摹绘，徐央绘

◀　里面穿长裤、外面穿长裙的隋代女俑形象
徐央绘

四、鞋袜：踩在脚下的搭配单品

唐朝时的袜子虽然是藏在鞋里不会露出来的衣物，但同样极尽精美，毫不马虎。新疆吐鲁番阿斯塔那29号墓出土的唐咸亨三年（672）《新妇为阿公录在生功德疏》有记载：“墨绿绸绫袜一量（量词，双）。”其他彩绘中看到的袜子也有着花样繁多的花纹装饰。

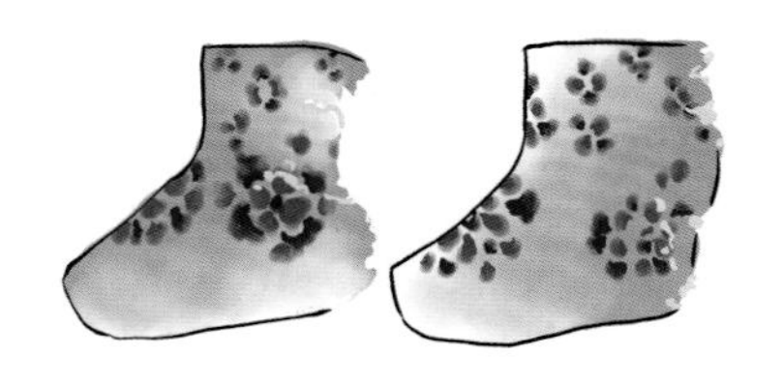

▲　白绢夹袜效果图
根据唐朝彩绘袜子摹绘，徐央绘

袜子已如此精致，露在外面的鞋当然更不能落入下乘。唐朝的鞋有多种款式，最常见的有靴子、翘头履、线鞋、木屐等。光是履就有赤舄絇（xì qú）履、歧头履、平头履、云头履、高台履等名目繁多的样式。材质有皮革、木、锦、麻、丝、绫等，亦有用蒲草类材料编成的草鞋、麻鞋等。

例如下页这双鞋头高高翘起的鞋履，称翘头履。以木为胎，麻布作里，紫绮为表，翘头面上绘三朵祥云，尽显精致和华丽。翘头的功能是防止踩到长裙，为贵族妇女穿曳地长裙时的最爱。既然前面翘起的部分是要露出的，那么样式和装饰自然是五花八门，精彩纷呈。

锦履也是一种十分好看的鞋子，通常由棕、朱红、宝蓝色锦线起斜纹花、宝相花等纹样，鞋首形似卷云，用来勾住裙摆。

除了用锦缎制作，还有一种用麻线编织的线鞋，鞋头略微起翘，用于日常的着装：“妇人例着线鞋，取轻妙便于事。”（《旧唐书·舆服志》）

还有一种鞋叫作“重台履”，鞋履的前端极为高耸，除了方便行走的实用性，装饰效果也极佳。下面这位身穿半袖加帔子的衫裙四件套的仕女，足蹬的就是重台履。

▲ 云霞紫绮翘头履效果图
根据唐朝彩绘文物摹绘，徐央绘

▲ 变体宝相花纹云头锦履效果图
根据新疆吐鲁番阿斯塔那古墓出土的实物摹绘，徐央绘

▲ 如意线鞋效果图
根据甘肃武威唐代吐谷浑王族墓葬出土的线鞋和新疆吐鲁番阿斯塔那104号墓出土的唐代蓝色如意鞋摹绘，徐央绘

▲ 足蹬重台履的仕女形象
根据新疆吐鲁番出土的文物摹绘，王梓璇绘

鞋履同样也是展示财富的载体。贵族们除了在鞋头上加金银珠宝，还会用贵重的绒来做装饰：“金刀剪紫绒，与郎作轻履”（唐姚月华《制履赠杨达》）。冬天又发明出厚实保暖的毡履，防止脚上长冻疮：“布裘寒拥颈，毡履温承足”（唐白居易《洗竹》）。可见唐朝人对服饰舒适性、实用性和装饰性的追求。

五、女士套装小组合

今天的小套装，指成组成套搭配的衣服。在唐朝，也一样有套装，最常见的是衫、裙、帔子（披帛）三件套。唐牛僧孺《玄怪录》载：“俄使一小童捧箱，内有故青裙、白衫子、绿帔子、绯罗縠绢素……”在此基础上，还有由更多衣物组合而成的四件套、五件套等。

东汉刘熙在《释名》中说“衫”是指没有袖端的上衣。不过凡事没有绝对，后来人们渐渐把轻薄、单层的短上衣、长衣都统称为“衫”。而唐朝人把装饰有“锦褾（biǎo）”的上衣也称为衫。“锦褾”就是衣服的袖端用异色衣料或华丽的锦绣镶边的部分。

唐朝的裙子一般都很长，从胸口直到脚面，围合穿着。裙腰的系束位置较高，也是唐朝服装的一大特色。

现在大家常说的“高腰襦裙”，指的其实就是唐代的“裙衫”，唐代文献常常有“裙衫一对”的记载。只不过“高腰襦裙”更多的是对一种造型的形象总结，是现代人的习惯叫法，而“裙衫”是古人的叫法。

裙衫的衫一般较为短小，袖子长而窄，如唐张鷟（zhuó）《游仙窟》云：“红衫窄裹小撷臂，绿袂帖乱细缠腰。”衫的领襟造型极为丰富，有对领、交领、袒领、圆领等。

帔子是一条长而窄的纺织品，往往轻薄、鲜艳，一般搭挂、缠绕在肩上、手臂上。

纵观唐代的文物，衫、裙、帔往往是成组出现，可谓出镜频率相当高的一个固定组合了。

◄ ①②唐朝女装三件套效果图 陈朴筠绘

六、仕女永远填不满的衣橱

女孩子总是在说，只买基础款，重点在搭配，但又总说衣橱里永远少一件衣服。其实组合搭配真的很重要，几件基础款的单品就能满足普通女性的多数日常需求了。

在唐代，女子们经常在裙衫帔三件套的基础上，通过在上衣外加半袖或背子，或下裙外加陌腹或围裳，形成四件套。也可通过改变披帛缠绕的方式，形成不同的风格。无论是唐初的瘦削窈窕，还是盛唐的丰腴雍容，都是这几种基础款的不同组合搭配，覆盖了九成以上的唐代仕女形象。

► 女子裙衫帔三件套造型
图片来源：装束复原团队
模特：施磊宸

当然，在不同场合，还有一些特殊的单品可以搭配：如两侧缝缀的三角形飘带，像花瓣一样的蔽膝，羽袖、绣领、翻领等局部变化的装饰等。

今天我们在穿唐朝风格的服装时，可以先搭基础款，之后再增加单品使着装更显精致、华丽。

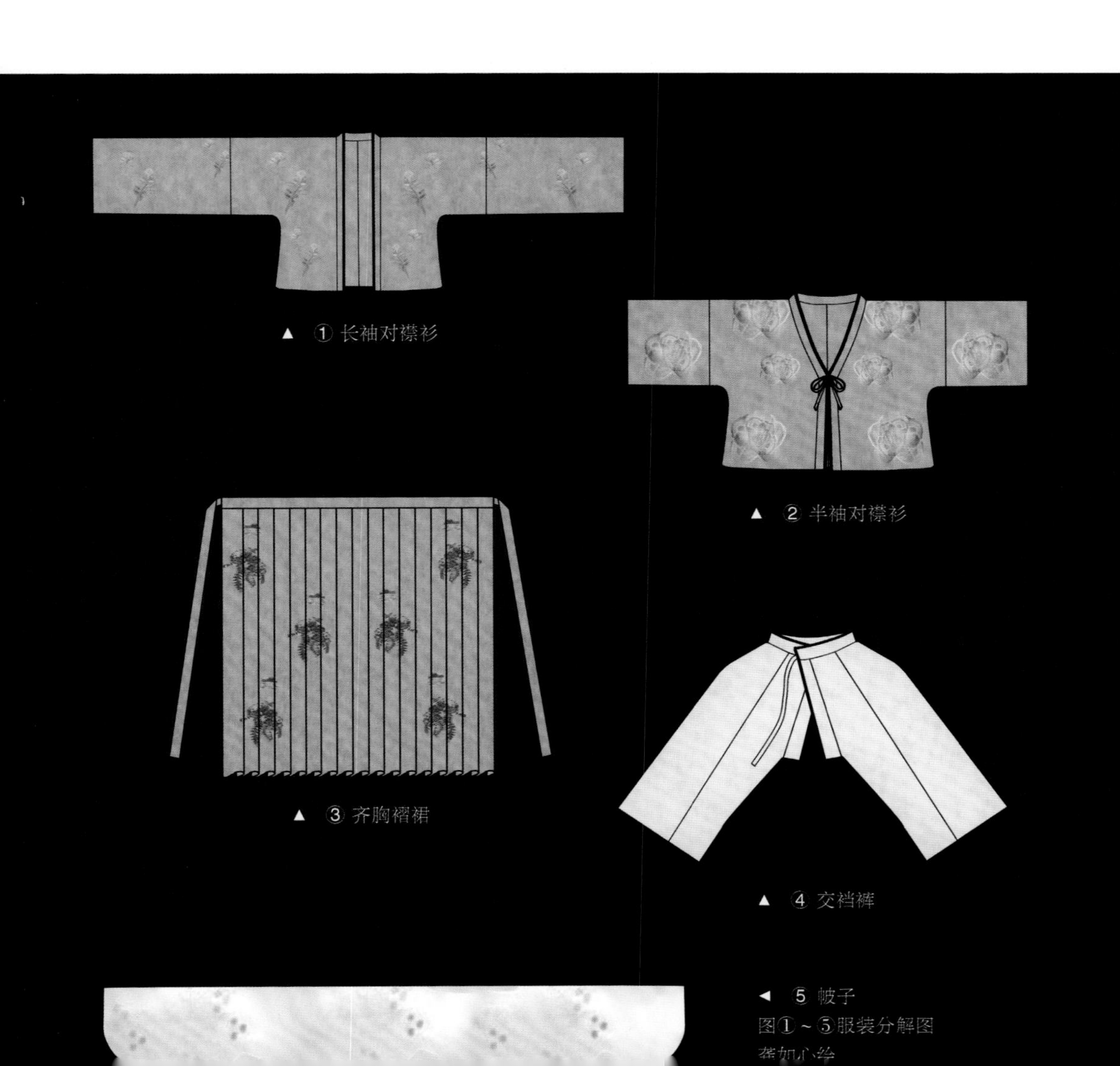

▲ ① 长袖对襟衫

▲ ② 半袖对襟衫

▲ ③ 齐胸褶裙

▲ ④ 交裆裤

◀ ⑤ 帔子

图①～⑤服装分解图

龚加心绘

场景二　公共澡堂的日常

休沐日，官吏们下了值，三三两两地邀约着一起去官衙机构附属的公共澡堂洗澡。既然叫休沐，自然要泡一泡了。虽然比不上华清宫的御汤，但胜在轻松自在。条件好的澡堂里还有加热的炉灶。一进浴池，大家便纷纷脱掉幞头，解掉革带、鱼袋等各类饰物，脱下襕袍（衫）、半臂、长袖、交裆长裤，再脱下汗衫和合裆裈，跳进浴池，舒舒服服地搓起澡来。洗完澡起身，披上长款的对襟浴袍闭目养神。

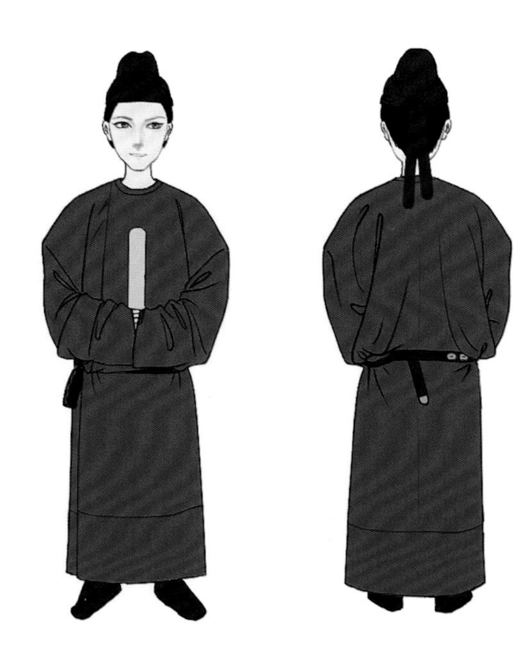

◀ 襕袍正背面造型　徐央、陈朴琦绘

一、承前启后的“汗衫”

男性穿在最里面的贴身内衣称为“汗衫”，一般较为短窄，衣长到胯部，常用白绫、白练、布帛等轻薄贴身的织物制作。直到今天，我们依然在使用“汗衫”这个词。虽然形制和剪裁已经完全不同，但功能还是跟唐朝时一样。

汉魏时的汗衫是用轻薄吸汗面料制作的交领上衣，也有很多呈现圆领、曲领的样式，推测其结构为内外衽交叠。唐朝的汗衫与之前的相比，主体结构没有变化，依然是平面对折、通肩接袖、后背中缝、不收腰身、内襟连接左腰侧等。最大的变化是从交领变成了圆领交襟，但领襟依旧是中轴对称、内外襟交叠、部分系带的闭合系统。可见，无论外形如何变化，内襟均保留了原本的功能，即连接左腰侧。

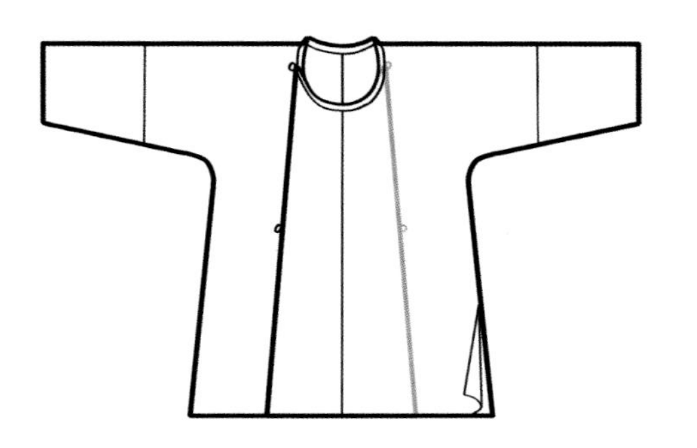

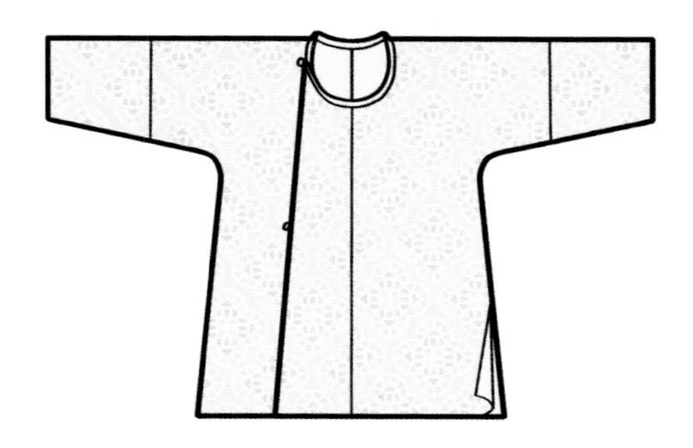

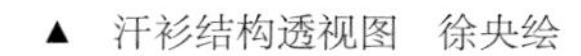

▲ 汗衫结构透视图 徐央绘

▲ 汗衫效果图
花纹根据夹缬绢十样花纹重新设计，徐央、木月绘

从上面的结构透视图可以看出，汗衫内外襟是左右对称的，内襟与左侧连接，闭合点受力平衡。而此时比较有特色的是内外衽的衣襟裁片形状和交领汗衫相比发生了改变，以便可以更多地覆盖前胸，且部分采用了纽襻。纽襻的纽头只有一点点，需要凑近了仔细看才能发现。这是因为汉服追求外观和谐统一、线条流畅，所以一般都会把纽襻等固定节点的闭合件尽量隐藏起来。推断其剪裁图如下。

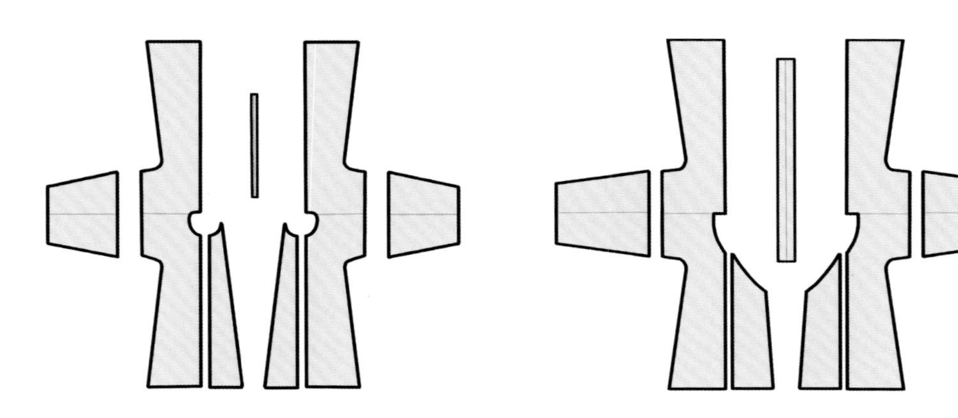

▲ 圆领汗衫剪裁示意图 徐央绘

▲ 交领汗衫剪裁示意图 徐央绘

从圆领汗衫和交领汗衫的剪裁示意图可以看出，汉裁是它们共同的文化基因，裁片是相似的，基础结构是共通的，前襟双侧受力是延续不断的，只是唐朝的圆领汗衫对前胸的覆盖面积更大，闭合点由两组变成四组，更加保暖和牢固，体现出创新性。

二、男性的内裤

唐朝男性的内裤是合裆的裈，也叫“褛裆”。晚唐敦煌文书《戊戌年令狐安定雇工契》记载：“春衣一对，汗衫褛裆并鞋一两。”其中褛裆指的就是合裆的裤子。

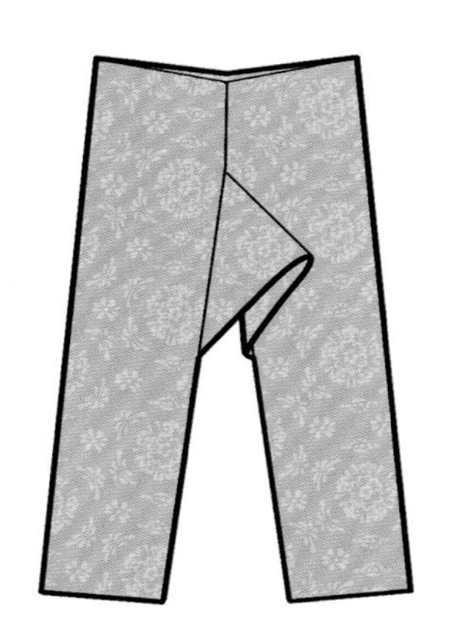

▶ 褛裆效果图
根据美国克利夫兰艺术博物馆藏唐白色鸟衔花枝团花纹绫童裤摹绘，徐央、木月绘

即便都是合裆裈，也有不同的款式，如通过拼接让裤子更加宽大的款式。2019 年，甘肃武威唐前期慕容智墓出土的合裆裈，就用了更多的布料。

▲ 合裆裈效果图
根据日本正仓院所藏实物绘制，徐央、木月绘

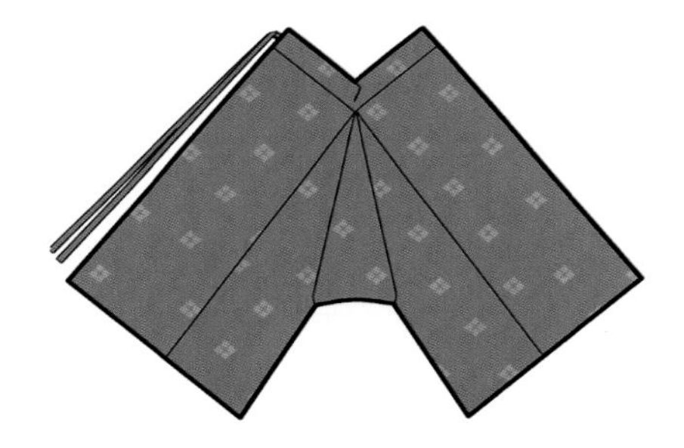

▲ 加宽的合裆裈效果图
根据甘肃武威慕容智墓出土的土黄色散点菱花纹罗裈绘制，徐央绘

根据现代学者琥璟明《颠倒的真相——从中国古代的裤子说起》一文考证可知，全世界的裤子是多点起源，华夏汉服体系也同样具有独立、复杂又完善的裤装文化起源。比如穿在最里面的贴身裈，早在新石器时代，就已经有华夏先民穿着包裹腰胯、有裆的内裤的相关记录；西周青铜器上的人物纹饰也显示，当时的人们穿着类似三角裤的贴身裤头；汉魏时期，人们常穿类似于沙滩裤的平脚裤，裤脚约在膝盖之上，也就是犊鼻裈；到了隋唐时期，裈的做法更加精细、考究。但总体来说，基于葛麻、丝帛等纺织面料发展起来的结构一以贯之，设计理念和剪裁方式一脉相承。

唐朝的裈以正裁为主，崇尚以折代剪的零浪费思想。裆片延续秦汉以来的三角形、菱形，与先秦两汉的裤子裆片形式一脉相承，也影响了后世宋明时期裤子形制的发展。这种汉裁方式与其他服饰体系的毛织裤子有所不同，比如汉服中的裤子前裆部分常常交叠重合，并用裤带围绕系结，而毛织裤子往往是筒状的，可以直接套穿。

各种剪裁方式均是人们根据不同面料、不同生活方式逐渐改进而来的。如汉族服饰中裈、裤的剪裁方式是基于葛麻、蚕丝材料发展起来的，而其他服饰体系中毛织裤子的制作方式是基于羊毛、皮革等材料演变而来的。

三、交裆裤："开裆裤"的千古误会

唐朝的男性在穿好合裆裈（内裤）之后，还需要继续穿交裆裤（外裤）。交裆裤是一个统称，可以理解为类似今天的棉毛裤、打底裤、西裤等。穿好交裆裤之后，再根据需求穿裤奴（套裤）等辅助性服饰。里外的裤子都整齐、层叠穿好后，再穿袍服或者裙裳。

值得一说的是，在复杂丰富的裤装中，交裆裤男女老幼均可穿着，是他们日常着装之一，仅在尺寸、花色上有差异。交裆裤应用广泛、历史悠久，但因现代人对其穿法陌生，裆部不完全缝合的交裆裤就被误解为"开裆裤"。今天一提到"开裆裤"就让人联想起西裁方式的婴儿裤，实则其与汉裁方式的"开裆裤"完全是两回事。为避免误会，汉服中裆部不完全缝合的裤应该叫作"交裆裤"才准确。交裆裤的裆片做得极大，远超人体下身尺寸，在穿着时交叠闭合，多余的布料折叠在一起，能完全遮挡住身体，不会露出一点肌肤。

换个角度讲，出现这样的误会，是因为古代没有发明拉链。其实从裁剪结构上来说，现在我们穿的牛仔裤、西裤，都是"开裆裤"，因为裤腰到裤裆处，是有开口的。唯一的区别在于，汉服中的交裆裤是用两侧多余布料交叠来实现闭合，而今天的西裤是直接用拉链闭合的。

新疆吐鲁番博物馆收藏了一条素绢裤，大体可以窥见一点初唐时期交裆裤的样貌。从推测的结构图中可以看出，裤的前后裆是对称的。

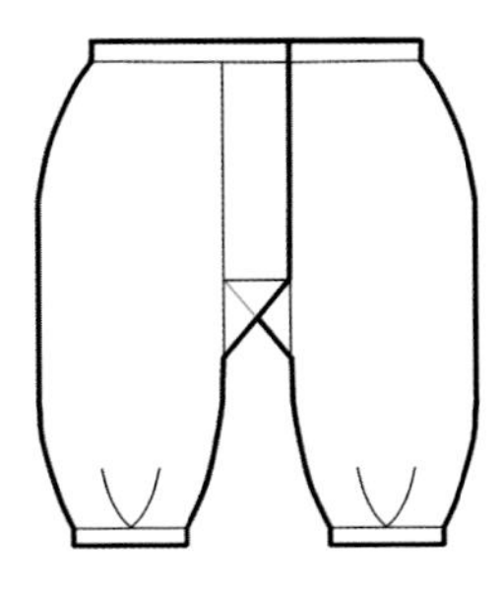

▲　初唐时期交裆裤结构推测图
根据王丽梅、陈玉珍著《吐鲁番博物馆馆藏灯笼裤的保护修复与研究》推测绘制，徐央绘

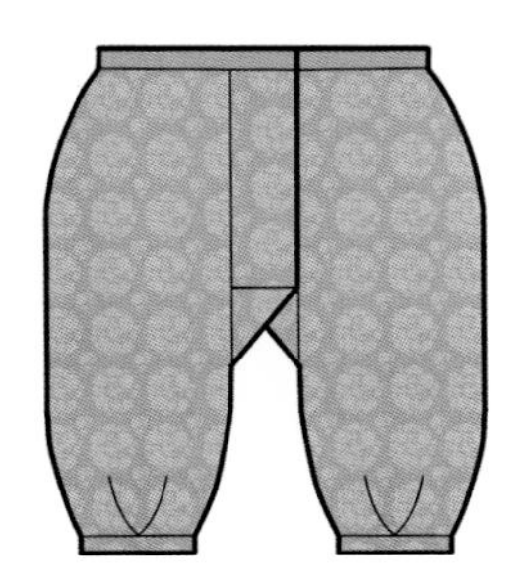

▲　初唐时期交裆裤效果图
花纹根据唐代鹦鹉衔花纹重新设计，徐央绘

甘肃武威慕容智墓葬中也出土了一条交裆裤，从中可以大致了解唐朝前期交裆裤的样式。从结构透视图可以看出，裤身左右两边是对称交叠的，穿着的时候裤腿内侧两边交叠闭合。

▲ 唐朝前期交裆裤结构透视图
根据甘肃武威慕容智墓出土的土黄色菱格纹罗裤文物摹绘，徐央绘

▲ 唐朝前期交裆裤效果图
根据甘肃武威慕容智墓出土的土黄色菱格纹罗裤文物绘制，花色根据唐代红色菱纹绮残片重新设计，徐央、木月绘

1987 年，陕西扶风法门寺地宫也出土了大量的纺织品，经过考古人员不懈努力，初步整理出了裙、裤、外衣等的款式，从中可以大致了解唐朝后期交裆裤的样式。从结构图可以看出，裤子里面是交叠的。

▲ 晚唐时期交裆裤结构透视图
根据陕西扶风法门寺出土的裤子摹绘，徐央绘

▲ 晚唐时期交裆裤效果图

▲ 交裆裤花纹细节图

陕西西安唐墓出土的唐代百戏三彩俑，每个人俑都穿着交裆裤，将身体遮挡得严严实实，而最顶上的小童用双手扒开裤子前裆，这才露出里面来，这说明交裆裤是很严密的。初唐时期的裤子和晚唐时期的裤子，基本结构相差不大，主要区别是一个裤脚收口、一个不收口。

交裆裤穿着步骤如下：

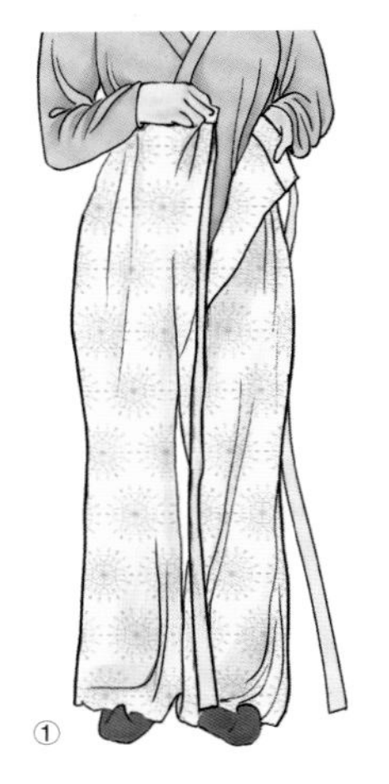

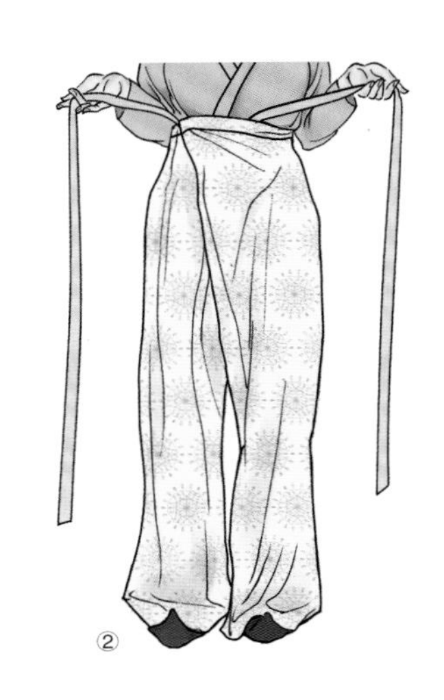

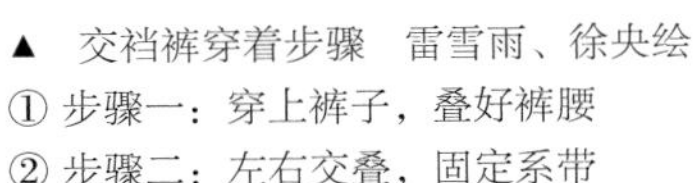

▲　交裆裤穿着步骤　雷雪雨、徐央绘
① 步骤一：穿上裤子，叠好裤腰
② 步骤二：左右交叠，固定系带

▲　唐三彩童子叠置伎俑
陕西西安长安区郭杜乡 31 号唐墓出土，了了君摹绘

从 1978 年河南洛阳出土的彩绘陶牵马俑也可以看出，其层层叠叠套穿着的交裆裤，既方便了活动，又保护了隐私。

陶俑身穿的这种只有两条裤腿而没有裤腰和裆片的裤装，叫作“套裤”，现在有人称为“胫（jìng）衣”，唐朝称为“裤奴”，穿在长裤外面，起保护和装饰作用，不能单穿。

裈、裤、裤奴的穿搭展示如下：

►　穿交裆裤的彩绘陶牵马俑
张梦玥摄于洛阳博物馆

▲ 下装穿搭层次图 服饰制作、摄影：莺梭汉服
① 裈：穿在最内层的合裆内裤
② 裤：套穿在外，可作日常外裤
③ 裤奴：用来收束裤腿、方便骑马等活动的外搭

四、当成衬衫在穿的“长袖”

若要说百搭款式，衬衫必定上榜。谁家衣橱里没几件白衬衫这样的万能基础款呢？唐代的人们也有自己的“白衬衫”，时尚和实用并举。不过当时把这种衬衫称为“长袖”，敦煌文书中有“红绫长袖一，麴尘绢兰（襕）”的记载。“长袖”在当时是一个特定的款式名称，而不是今天所指的袖型。

这种被当成衬衣穿在中间层、带腰襕的圆领或交领长袖上衣，一般是男装。长袖不是必须穿着的层次，它是可选项。天气炎热时可以脱掉，天气寒冷时则可以穿上保暖。当然，直接将“长袖”当成外衣穿也是可以的，唐朝人也很灵活多变。

▲ 长袖效果图
根据中国丝绸博物馆藏长袖文物摹绘，花纹根据暗绿地套色印花绢等重新设计，徐央、木月绘

► 穿长袖的人物形象
甘肃敦煌莫高窟第61窟《五台山图》局部

从形制上看，这种上衣并不特别，跟贴身汗衫一样都是交襟结构。区别在于，下摆用异色的布料加了腰襕。其实，早在出土的秦朝竹简中就记载了加腰襕的做法，汉晋时期的文物中也有加腰襕的形象。唐朝比较创新的地方是圆领上衣加腰襕，接襕处前后左右捏有小褶，穿着时还会从外面袍衫的开衩处露出一点来。从汉晋的交领加腰襕，到唐代的圆领加腰襕，都印证了华夏汉服体系中的元素是一脉相承的，在不改变基本结构的前提下，不同领型、袖型、腰襕等元素交替使用，便能生发出不同的新款。

五、展现魁梧身材的“半臂”

大块头的壮汉身材在唐朝可是人人羡慕的，但并不是每个人都能练就一身肌肉，聪明的唐朝人就从衣服上下手，想了一个办法，即在圆领袍衫的里面穿半臂（类似交领的长袖，但袖子只有一半），把肩膀部分撑起来。这就类似于现代西服里面的“垫肩”，把本来瘦削的溜肩一下子就垫成了倒三角肩。

▲ 穿半臂的人物形象
甘肃敦煌莫高窟第23窟北壁《法华经变》之《药草喻品》壁画局部

说到这里就很容易理解为什么会有“长袖”这个称呼了，其实就是为了与“半臂”这种款式相区分。古代的服饰名词并没有严谨、科学的命名规范，因为那时还没有完整、成体系的国家标准服饰名词，所有的叫法几乎都是人民群众在日常生产生活中约定俗成的习语，所以常常会有用一个特别突出的特征去代指整体的情况。

半臂的一般特征是交领右衽、通肩半袖、腰部接襴、内外襟交叠、内襟连接左侧衣襟、系带固定。

一般情况下，半臂的腰襴接襴处会打褶，前后左右各打一个褶以增加宽度，让半臂的下部看起来略微有蓬松感。也有不打褶的做法，整体往下收窄。

▲ 腰襴打褶半臂结构透视图
根据唐散乐持笠半臂摹绘，徐央绘

▲ 腰襴打褶半臂效果图
花纹根据团窠宝花锦纹样等重新设计，徐央、木月绘

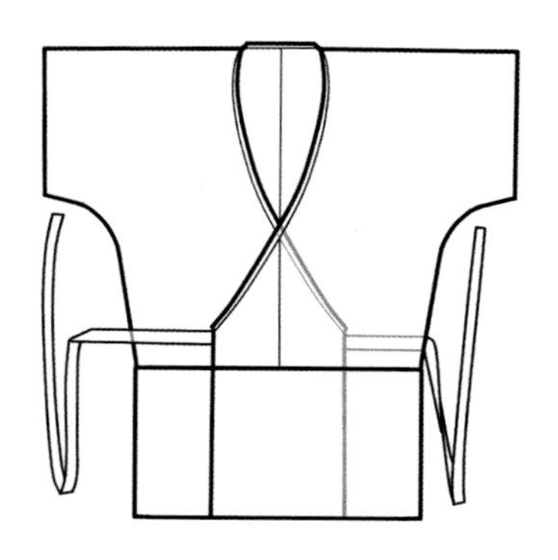

▲ 腰襴不打褶半臂结构透视图 徐央绘

▲ 腰襴不打褶半臂效果图
根据中国丝绸博物馆藏团窠宝花纹锦半臂摹绘，徐央、木月绘

还有一种半臂是插肩袖的结构，两边肩膀处以三角形的样式拼在衣身上。插肩的结构比较少见，制作时常用不同花色的面料拼接，更富于变化和装饰性。

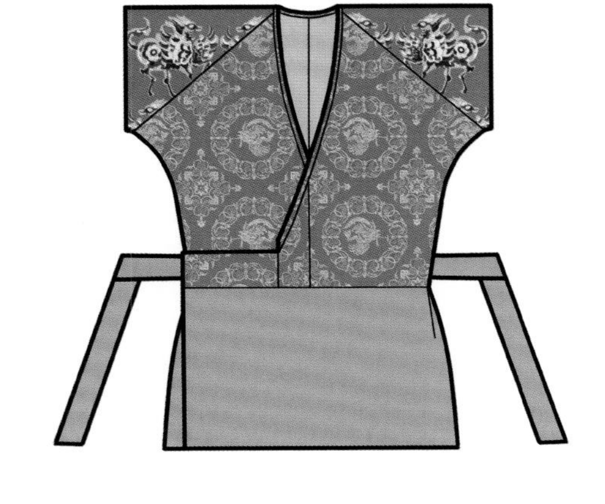

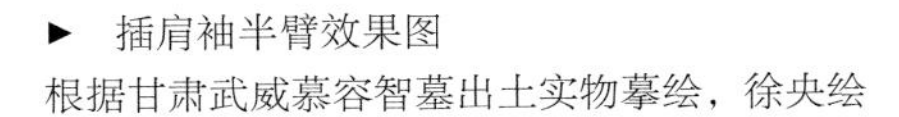

► 插肩袖半臂效果图
根据甘肃武威慕容智墓出土实物摹绘，徐央绘

半臂和长袖的主体结构相差不多，穿法也一样，一般穿在汗衫（内衣）之外、袍衫（外衣）之内，如果天气热或需要劳动，就脱掉外衣，单穿半臂。在结构上，比较有特点的是半臂的系带。一般上衣的系带是在内外襟上缝细布条，分别与腰侧的系带系结，而半臂的系带是从左腰侧穿孔，交叉缠绕系结。这不像是系带，更像是腰带。

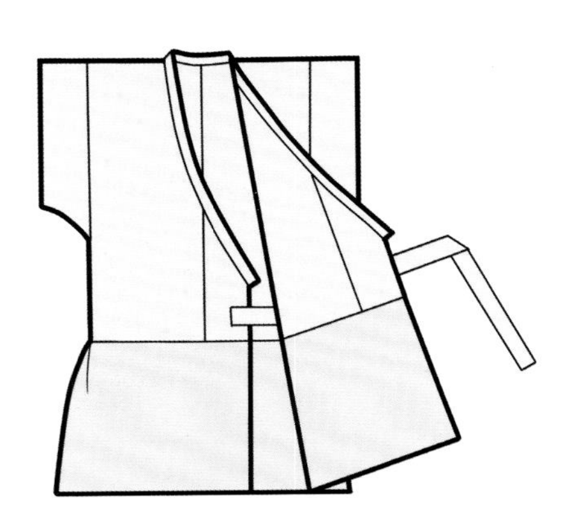

▲ 半臂系带位置示意图
徐央、木月绘

▲ 半臂穿着效果图　徐央绘

六、文化内涵十足的襕袍（衫）

既然有了加腰襕的上衣，自然也会有加襕的长袍衫。“袍”和“衫”本来有着复杂的历史名词流变过程，指代的形象变化不一，不过在唐朝，一般情况下，“袍”是指双层较厚的长款外衣，“衫”是指单层较薄的衣类。也就是说，襕袍和襕衫的区别主要在于厚薄程度，基本结构是一样的。

据说襕袍是唐朝侍中马周以深衣为基础发明的，也有说法是北周时期的宇文护或唐朝宰相长孙无忌发明的。《新唐书·车服志》载：“中书令马周上议：‘《礼》无服衫之文，三代之制有深衣。请加襕、袖、褾、襈，为士人上服。开胯者名曰缺胯衫，庶人服之。’”长孙无忌补充道：“服袍者下加襕，绯、紫、绿皆视其品，庶人以白。”《隋书·礼仪志》称，“宇文护始命袍加下襕”。总的来说，襕袍（衫）就是两侧不开衩、下面加襕的圆领袍服。

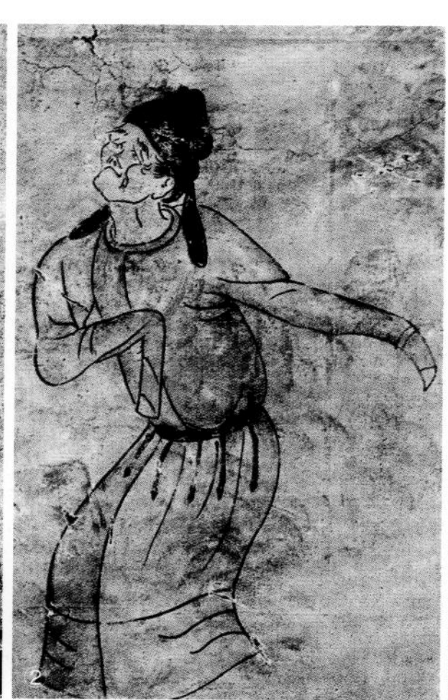

▲ 身着襕袍的人物形象
① 陕西咸阳礼泉县唐永淳二年（683）安元寿墓前甬道西壁男侍图
② 陕西咸阳礼泉县唐永淳二年（683）安元寿墓前甬道东壁男侍图
③ 男装女侍图，出自徐光冀、汤池、秦大树、郑岩著《中国出土壁画全集》
④ 新疆吐鲁番阿斯塔那古墓群唐代壁画《树下人物图》局部，日本东京国立博物馆藏

虽然从结构和剪裁上讲，襕袍（衫）是通裁长衣，跟深衣这种断腰缝合的裁剪方式无关，是在“附会”深衣的文化含义，但是人们依然会把襕袍（衫）归类到广义深衣一类，这也是基于民族的传统。“衣以载道”，服装形式所承载的文化内涵是“民族服饰”的重要指标，这并不是说民族服饰的每个元素都必须原创，而是指将一系列元素组合建构成一

套具有标志性的、高度辨识性的视觉系统即可。所谓某种民族服饰，往往都是一些特定元素固定搭配，重复出现，承载意义，最终形成一套传递特定内涵的服饰语言。

穿在里面的长袖和半臂，所加的腰襕通常是与主身不同的异色面料，而穿在外面的襕袍（衫），下面的襕通常是与上部布帛经纬走向颠倒的同色面料，如果不仔细分辨，是看不出来的。

襕袍（衫）的形制也是交襟结构，闭合受力点为上下左右四个，呈对称平衡状态。

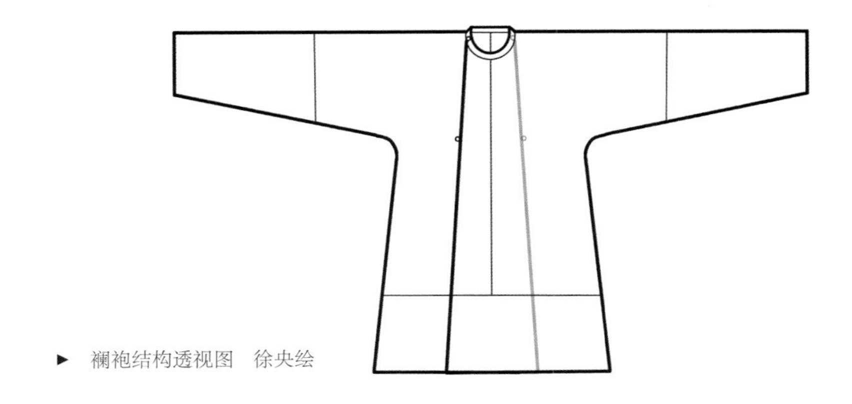

▶ 襕袍结构透视图 徐央绘

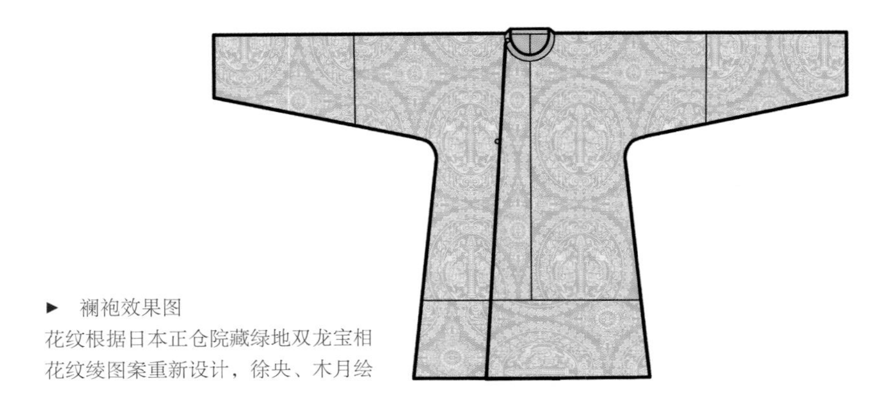

▶ 襕袍效果图
花纹根据日本正仓院藏绿地双龙宝相花纹绫图案重新设计，徐央、木月绘

襕袍（衫）比较有特色的点是以纽襻为闭合要件，穿上身后用革带系束。纽襻同样要尽可能隐藏起来，减少对衣服整体外观的破坏。纵观从殷商到明末数千年来的文物，可以看出大部分服饰的外观都追求圆润流畅，尽量避免横切式线条带来的“疤痕感”。

2019 年，国家发掘了甘肃武威吐谷浑喜王慕容智墓，以其中出土的实物为参考，得出襕袍的穿搭层次如下。

▲ 襕袍穿搭层次图
服饰制作、摄影：莺梭汉服
① 汗衫：贴身穿着的家常单衫
② 半臂：穿在中层，将肩衬宽的衬衣
③ 襕袍：男性所穿正装，下摆接一圈横襕

七、乌纱帽的祖先——幞头

唐朝男子最流行的首服就是幞头了，不说“人人缠裹”，至少普及率极高，后来还演变成后世大名鼎鼎的乌纱帽。

唐朝男子成年后便要束发，也就是头顶上要绾个发髻，束发而冠。束发的造型五花八门、样式繁多，不过总体来说是将满头的长发绾结，总发于顶。至于有人说束发很闷热，其实实践过后才知道，将长发绾成发髻并不热，披发才热。还有人说束发不方便，其实在古代，剃发和留短发更不方便，因为头发不停生长，隔三岔五就要修剪。在缺乏现代定型胶、发夹等辅助工具的情况下，半长不短的头发会遮挡眼睛，又不容易扎起来，反而不如蓄发绾髻。

最开始的幞头是一块四方的黑色布帛，就像今天的头巾一样，从前往后覆盖包裹头部，在脑后打结，有点像现代舞狮队、舞龙队的包头。不过这样一来，整个脑袋看上去平平的，不好定型，也不好看。

北周武帝宇文邕（543—578）想出了一个美化幞头的办法，即在方布上裁出四个长条形带子，再绑系。唐武德年间（618—626）开始用巾子来定型。巾子一般都较小，以丝、葛制成，满布菱形孔眼，涂以黑漆，刚好罩住发髻，起到支撑和固定作用。这样一来，巾子和幞头就成了“好搭档”，一起被戴在大唐男儿的头上几百年。

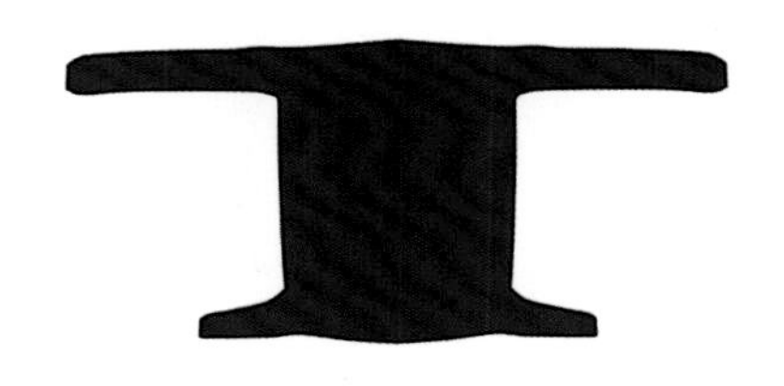

▲　幞头展开示意图
根据甘肃武威慕容智墓出土实物绘制，徐央绘

▲　巾子示意图
根据新疆吐鲁番阿斯塔那 176 号唐墓出土的巾子绘制，徐央绘

这种幞头虽然解决了美观问题，但佩戴方式有些复杂。如何能既美观又方便呢？唐代后期出现的巾子和幞头合并在一起的硬裹幞头完美解决了这个问题。以前要先戴巾子，再裹头巾，现在直接一体化，扣上一顶帽子就可以出门了。

▲　软裹幞头佩戴方式示意图　徐央绘

▲　硬裹幞头佩戴方式示意图　徐央绘

与一体化的硬裹幞头有异曲同工之妙的是鲜卑风帽。鲜卑风帽通过打褶等剪裁方式定型，在帽顶捏褶缝合，可以直接戴在头上，体现出巧妙的立体思维和高超的制作技艺。

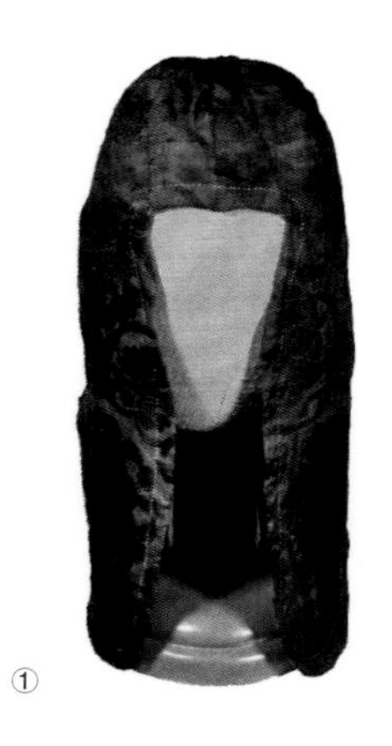

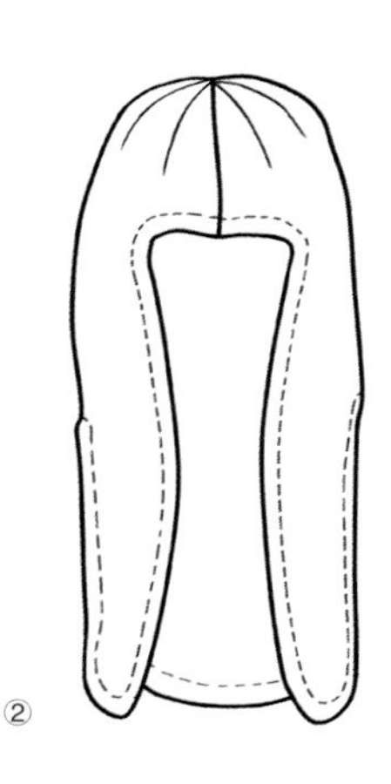

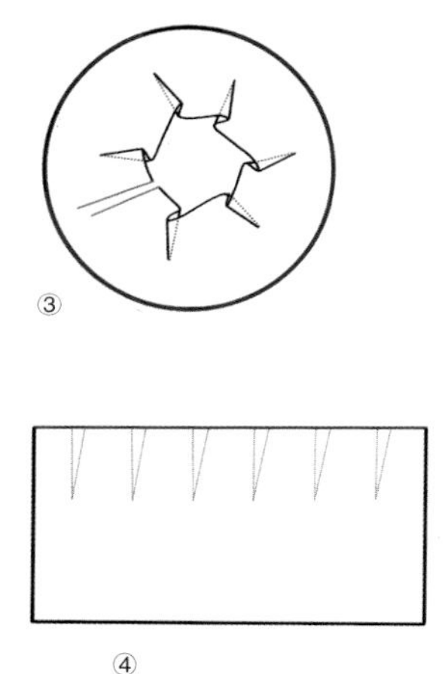

▲ ① 唐代套环宝花纹绫风帽　中国丝绸博物馆藏

▲ ② 风帽结构示意图　徐央绘

▲ ③ ④ 风帽帽顶结构及裁剪展开示意图　根据楼航燕《唐之雍容：2021 国丝汉服节纪实》中的风帽摹绘，空心砚绘

幞头流行了一千多年，演变成一个庞大的家族，以至前后期形象对比起来相差甚远。但是幞头一系，无论是早期的缠裹，还是末期的硬壳帽子，无不为束发造型服务。

▲ 头戴幞头的男子形象

① 陕西咸阳礼泉县唐乾封元年（666）韦贵妃墓壁画局部

② 湖北武汉唐开元十五年（727）李邕墓壁画局部

③ 陕西西安唐兴元元年（784）唐安公主墓壁画局部

④ 河北保定五代王处直墓壁画局部

八、革带：体现啤酒肚的神器

与今天的细腰审美不同，唐朝男性更喜欢把腰带往下压，故意勒出大肚子。因为当时腆着大肚子是魁梧、雄壮的象征，代表着力大无穷的勇将形象。无论是功臣像还是摹画的唐太宗画像，无不是用腰带勒出个圆肚。为什么那时候的武将都要膀大腰圆，而不是八块腹肌呢？这是因为在冷兵器时代，追求战斗的力量性和持久性，“吨位”才是王道。所以雕塑、壁画上的将军、士兵们，往往都把革带勒在自己肚皮下方，营造具有威慑性的力量感。

革带和今天皮带的结构没有区别，“穿越”回去也可以直接用。

▲ 革带示意图 徐央绘

九、乌皮靴：男士脚下的基础款

作为圆领袍衫的好搭档，乌皮靴的出镜率可不低。因为其用七块皮革缝制而成，有六条缝，所以又称乌皮六缝靴，一般为长筒靴样式。当然，有长筒靴，自然也有短鞧靴。青海省博物馆馆藏有一双短帮乌皮靴，外观看起来就像是今天的冬季皮靴。

◀ 穿乌皮靴的仪仗队
陕西渭南潼关县隋代墓出土壁画《仪仗队列图》局部

► 长筒靴效果图
根据新疆吐鲁番柏孜克里克千佛洞出土实物绘制，徐央绘

除了搭配圆领袍衫，乌皮靴也可搭配裤褶服。总之，单品的搭配会根据不同的穿着场合的需求来调整，总体原则跟今天一样：实用且美观。

► 裤褶服与乌皮靴的搭配
陕西咸阳三原县唐贞观五年（631）李寿墓出土《步行仪仗图》壁画局部

十、具服：时尚男士套装

唐朝将成套、成组的衣服称作一具、一副或一对，在礼仪服饰中，就有“具服”这个概念。“一具七事”就是指一整套衣物中包含了七种单品。简单来说，唐朝男人的衣柜里会有以下基础款：裈、裤、裤奴、汗衫、袄子、长袖、半臂、圆领袍（衫）、幞头、头巾、袜、靴、履等。根据不同季节和场合，将这些单品进行搭配和增减即可。如刘禹锡在《为京兆韦尹降诞日进衣状》里面写道进献“黄折造衫一领、白吴绫汗衫一领、白花罗半臂一领、白花罗裤一腰”，就是由外套袍衫、贴身汗衫、衬衣半臂、白花罗裤四件单品组成的具服。

第二章

粉脂香氛
石榴裙

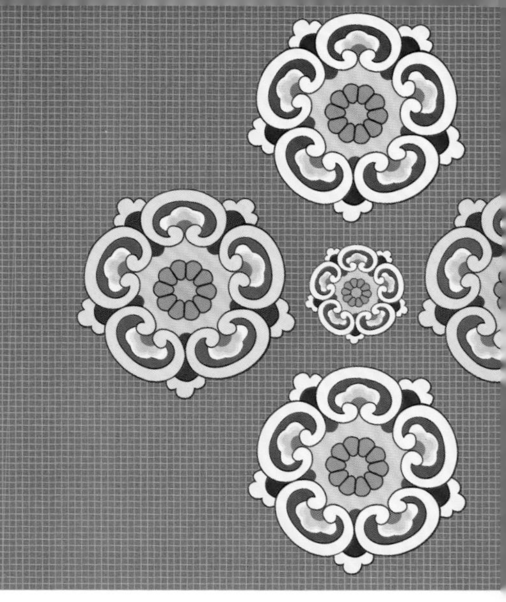

场景三　聚在一起吃“酥山”的姐妹

由京城贵妇发起的“酥山宴”（“酥山”类似于今天的冰激凌，下层是冰，上面覆盖掺杂着蔗糖浆或蜂蜜的乳制品，通过冰冻塑形，堆垒成雪山的模样，且装饰以彩树或假花，兼顾了美味与美观）正在一所雕栏玉砌的庭院中进行。贵妇们姿态优雅地坐在长长的桌案前慢品佳肴。一群身穿半袖和背子、红罗长裙、身披长长披帛的侍女，手捧着一盘盘精心制作的酥山，鱼贯而入，好不热闹。

唐白居易在《琵琶行》中写道，“血色罗裙翻酒污”。用茜草染就的赤红长裙，的确是令人妒杀的“石榴裙”。如血似火的大红，如霞光铺陈，搭配上半袖、背子、各种短衫，难怪“妆成每被秋娘妒”了。

► 手捧酥山、身穿四件套的侍女造型　徐央绘

一、半袖：修身利器小单品

（一）半袖起源探秘

从服饰的历史上看，半袖的起源很早，战国曾侯乙墓出土的铜虡（jù）人像就穿着半袖的上襦。东汉以来，许多人物形象上面都有带荷叶边的短袖上衣，称为“绣裾（jué）”。

唐鲍溶《采莲曲二首》有“夏衫短袖交斜红”，唐韩偓《后魏时相州人作李波小妹歌疑其未备因补之》有“窄衣短袖蛮锦红”等诗句，描述的就是一种叫作半袖的上衣。

半袖是与无袖、长袖相对应的一种袖型，本书将女性所穿着的袖长不超过上臂的短上衣统称为“半袖”。根据幅宽，半袖可接半幅或者较宽的袖缘，来达到袖长到手臂一半（即肘部以上）的效果。

▲ 身着半袖的女性形象
① 山西太原焦化厂唐武周时期墓出土壁画局部
② 陕西咸阳乾县唐神龙二年（706）永泰公主墓出土壁画局部
③ 唐三彩女坐俑局部，了了君摹绘

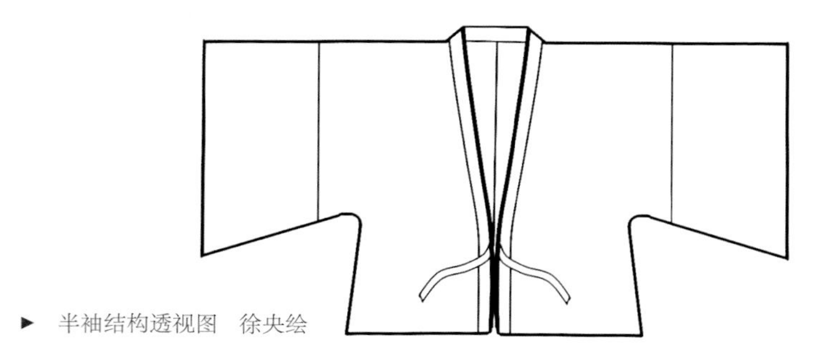

► 半袖结构透视图　徐央绘

（二）半袖名称男女有别

在唐朝，男子所穿的袖子到上臂处的上衣称为“半臂”，女子所穿的一般称为“半袖”或“短袖”。唐徐坚等《大唐开元礼》载“女史则半袖裙襦”，明确说半袖是女装。半臂与半袖之间有着很明显的区别：半臂以交领为主，有接襕，穿在袍衫的里面；半袖以对襟为主，无接襕，穿在最外层。

半袖一般扎在裙子里面，但是在武周时期，也有直接穿在外面的，将身材曲线修饰得更加利落。半袖一般用绫罗布帛等制作，整体褶皱线条较为细软、温婉，大臂处袖子呈喇叭状，改变了上身的廓形，增加了上身服饰的层次感和华丽度。

► 半袖整体造型图
根据新疆吐鲁番阿斯塔那张礼臣墓（230号墓）出土舞乐图绢画屏风摹绘，徐央绘

（三）多变的半袖形态

将半袖穿在最外面时，为了与长裙相搭配，下摆一般齐至腰腹部。一般来说，半袖是不加腰襕的，但有时下摆会加较宽的缘边。总之，半袖的细节多变，风格也跟着变化，不一而足，实乃居家外出必备之百搭单品。

◀ 加缘边半袖效果图
根据新疆吐鲁番阿斯塔那唐开元三年（715）188号墓出土文物摹绘，花纹根据出土的夹缬绝上的白地花鸟纹重新设计，徐央、练婉君绘

无论形态如何变化，半袖的形制本质就是把袖子变短的衫子。无论是交领、圆领还是对领，都符合内外襟交叠对称、左右闭合受力的基本结构特征。

（四）令人眼花缭乱的半袖领型

领襟在视线焦点之处，是服装设计的关键。虽然唐代的女子不是大牌时装设计师，但她们的服饰创造力却不容小觑。半袖领型的大类有对领（或称直领）、交领、圆领，细分下来，又有十数种款式。有的是领口深，有的是交叠浅，有的是对穿交（对襟穿成交襟），有的是重缘饰……裁片和穿法的些许变化，就能带来不同的视觉感受，给衫裙的穿搭带来千变万化的效果。

从已出土的唐朝壁画上看，还有一种比较少见的“桃心领”领型，领口在胸口处呈现出向上的尖角。此种半袖的前襟为对襟，领口挖得很低，但依然是平直的线条，穿上后，因为人体是立体的，在视觉上就形成了心形弧线。一开始，人们认为这种领型是特意剪裁出来的，即在裁片本身上裁出尖角，但结合汉服剪裁节省布料的出发点来看，显然不太可能是这种裁法。

◄ 身穿桃心领半袖的女性形象
① 陕西咸阳礼泉县唐龙朔三年（663）昭陵新城长公主墓出土壁画局部
② 陕西西安唐总章元年（668）李爽墓出土壁画局部
③ 陕西咸阳礼泉县唐咸亨三年（672）燕妃墓出土壁画局部
④ 陕西西安高陵区唐永昌元年（689）李晦墓出土壁画局部

半袖作为上半身的修身小单品，上面也会有刺绣花纹以增加华丽程度。历史悠久的刺绣发展到唐朝，达到了一个新的高度。单单从刺绣的技法来说，就有戗针、擞和针、直针、套针、平金、盘金、钉金锈等数种。抚摸着千年前的绣品，恍惚间仿佛看到了含情垂眸的绣娘，一针一线在绢帛上写下闺阁密语。

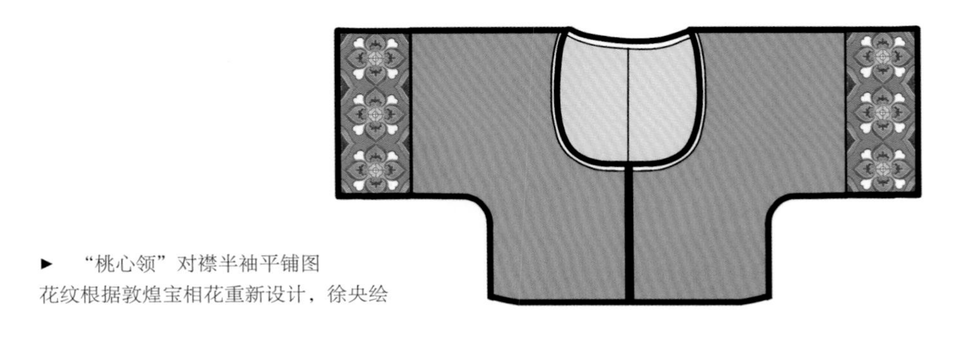

► “桃心领”对襟半袖平铺图
花纹根据敦煌宝相花重新设计，徐央绘

贵族钟鸣鼎食，宴饮之时乐舞不断。一个“合格”的王公贵族，家里除了配备“交响乐队”外，还得豢养歌舞优伶，紧要时刻拉出来撑面子。初唐到武周时期，舞姬妆造大多为漆鬟双髻、大袖长裙，外套一件精致华丽的交领半袖。这种半袖不仅有复杂的缘饰，有的还装饰着羽袖，舞台效果超群。尽管交领是一种很基础的领襟形制，但是在这样层层叠叠的搭配下，想不成为焦点都难。

▲ 交领半袖平铺结构透视图 徐央绘

► 交领半袖裙襦整体造型图
根据陕西咸阳礼泉县韦贵妃墓出土壁画局部重新设计，徐央绘

甘肃武威慕容智墓出土了一件彩绘交领半袖，内外襟对称交叠呈 X 形，推测穿在最外层。

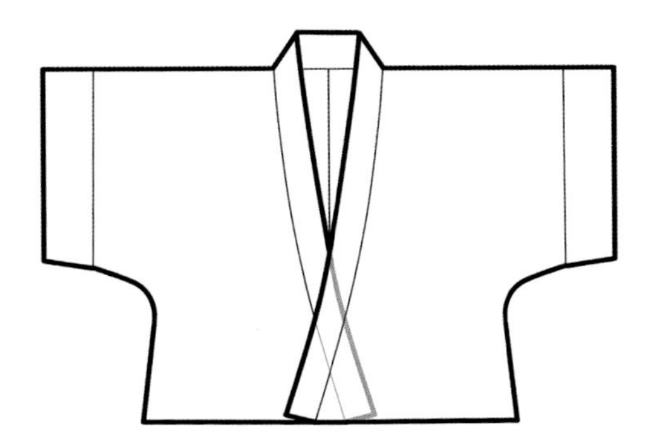

▲　交领半袖结构透视图　徐央绘

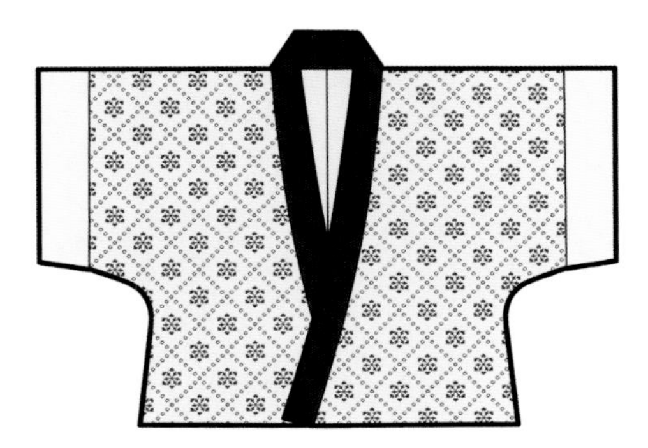

▲　交领半袖效果图
花纹根据黄色菱格菱角纹印花绢图案重新设计，徐央、木月绘

二、创意十足的背子

在半袖的基础上，进一步发展出一种无袖的短上衣，通常用锦制作，穿在最外层，叫作“背子”。《敦煌歌辞总编》中有：“背子衫裙百种衣。施交御彼三冬雪。”《全唐文》中有“又令皇甫询於益州织半臂背子、琵琶焊拨、镂牙合子等”对背子的描写。

◀　背子穿着效果图
① 唐三彩女坐俑　徐杰摄于北京故宫博物院
② 新疆吐鲁番阿斯塔那唐永昌元年（689）张雄、麹氏夫妇合葬墓（206 号墓）出土绢人，了了君摹绘

简单地说，背子就是女装中穿在最外层、不接袖、不接腰襕的短款上衣，通常扎进裙子里。半袖的袖口在肘部以上、胳膊的中部，背子的袖长则要更短，袖口几乎在肩膀位置。在穿着效果上，背子比半袖更加短小精悍，更适合在春秋季搭配穿着，方便根据温度增减。

从文献、文物来看，背子的裁剪、结构相对简单，如从新疆吐鲁番阿斯塔那古墓群随葬女俑身上拆下的模型衣物，即用整幅衣料做成。衣身以整幅锦料对折，没有中缝，两侧留出袖口，在领口处挖出直领、弧领等领型。

▲ ①~④ 背子平铺图
新疆吐鲁番阿斯塔那张雄、麴氏夫妇合葬墓出土

锦是一种华丽的纺织品，不管是经锦还是纬锦，都有着复杂靓丽的色彩和纹路，一般用来做缘边、腰带和袍服。背子穿于最外层，用质感较硬挺、装饰性强的织锦来做面料再合适不过。如新疆阿斯塔那古墓群出土的菱格四瓣花纹双层锦，通过表里换层的技法，营造出纹样方圆变换又精美规整的效果。又如云头锦鞋鞋面的宝相花斜纹经锦，是一种运用“经四重斜纹”方法织造的提花织物，由一组白色经丝作地纹，三组彩色经丝起花，呈现出光彩绚丽又严谨有序的效果。

从结构上看，背子不接袖，袖袼（gē，袖根）与腋下齐平，内外襟浅浅相交，领襟呈V形，介于交领（交襟）与对襟之间，且变化形式极其丰富。

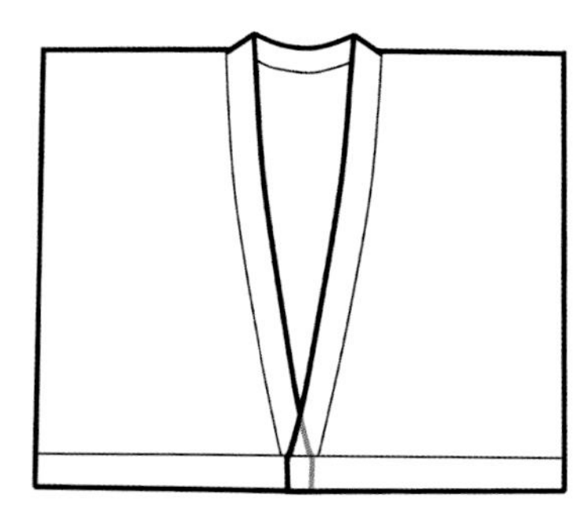

▲ 背子结构透视图
根据日本正仓院藏品摹绘，徐央绘

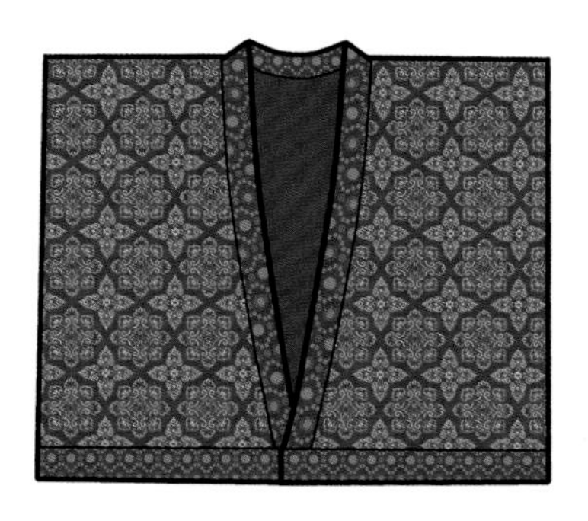

▲ 印花背子效果图
花纹根据海蓝地宝相花纹图案重新设计，徐央、木月绘

（一）Y 形领背子

在常见的深 V 形领背子的基础上，变化出 Y 形领，可使身体袒露的部分减少，进一步修饰颈部的线条。新疆吐鲁番阿斯塔那古墓群曾出土过 Y 形领锦背子。

锦背子常常出现的纹样有对马、对鹿等主题的联珠纹。这类图案在唐张彦远《历代名画记》中有所记载，被称为“陵阳公样”。现代的研究认为，唐朝的联珠纹是在吸收波斯萨珊王朝联珠团花图案式样的基础上，结合本土花色，综合创造出来的新花样，所以极具特色，很有辨识度。这种纹样和谐精美，寓意吉祥，装饰性极强，流行了一百多年。

► Y 形领锦背子效果图
根据新疆吐鲁番阿斯塔那张雄、麴氏夫妇合葬墓出土锦背子摹绘，徐央、木月绘

（二）收腰背子

新疆吐鲁番阿斯塔那古墓群出土的一款对襟背子，领襟形状呈 Y 形，袖袼宽大，直接在腋下以斜线收腰，不用做褶子就能产生收身的效果，使穿着者更显纤瘦。固定方式可以用系带，也可以用纽襻。

下面的效果图以新疆吐鲁番阿斯塔那古墓群第 230 号张氏墓出土的红地宝花锦料为基础，对唐代纬锦花纹进行了再创作。根据现代学者赵丰的研究，唐朝纬锦大体可以分为何稠仿制波斯锦、窦师纶创制陵阳公样和皇甫恂推出新样锦三个重要的发展阶段。从仿制波斯风格的联珠团窠动物纹锦，到以花卉纹样作环的陵阳公样，再到独树一帜的写生花鸟纹样，中华服饰不断吸收外来元素，化为己用。

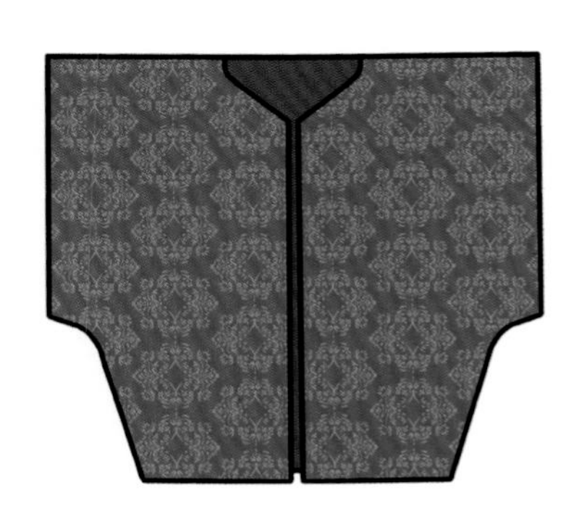

► 收腰背子效果图
根据新疆吐鲁番阿斯塔那第 230 号张氏墓出土红地宝花锦料摹绘并重新设计，徐央、木月绘

（三）带装饰条的背子

由于肩部有垂下来的装饰嵌条，使这款背子从远处看仿佛一件现代球衣。其实这种设计由来已久，早在汉魏时期的西域服饰中，从肩部到腋下就经常有这种异色的装饰嵌条。嵌条在结构上起到加固、定型的作用，在外观上增加辨识度，可以说是一种兼具实用性和观赏性的服饰部件。

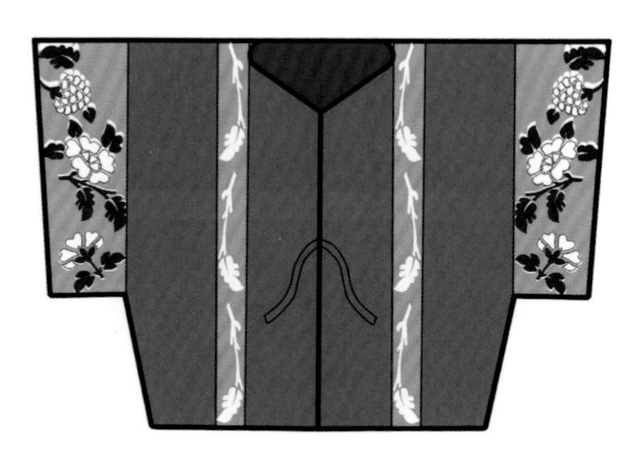

◄ 收腰和带装饰条的印花背子效果图
根据新疆吐鲁番阿斯塔那古墓的大身泥头俑摹绘，花纹重新设计，徐央、练婉君绘

（四）浅交叠的背子

同样是领襟形状呈 Y 形，但左右襟有一点浅浅的交叠，并用系带连接，整体风格就大为不同了。

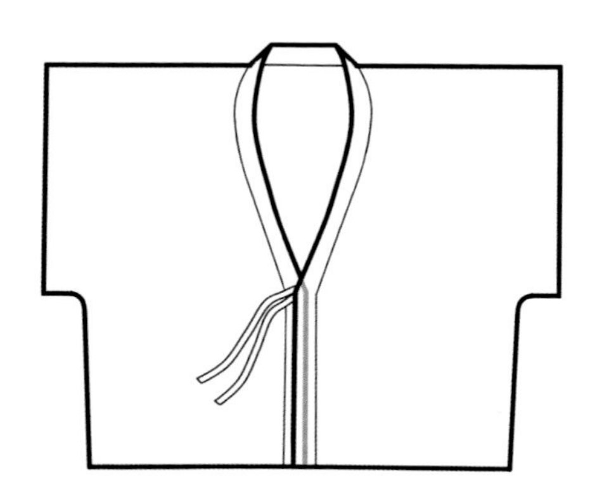

▲ 浅交叠系带背子结构透视图 徐央绘

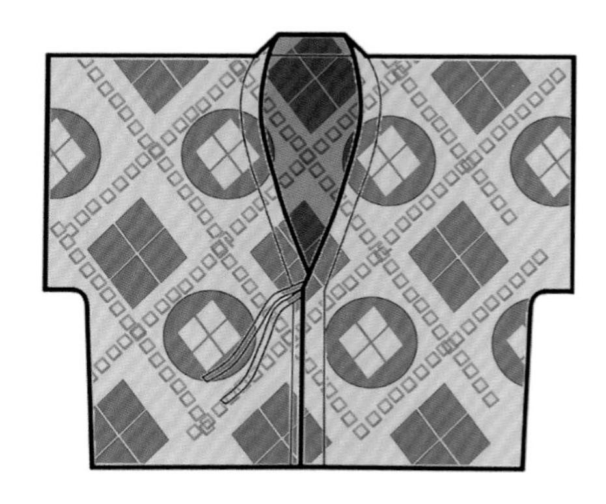

▲ 浅交叠印花系带背子效果图
根据新疆吐鲁番阿斯塔那张雄、麴氏夫妇合葬墓出土背子摹绘，徐央、练婉君绘

（五）对襟系带的背子

下面这款对襟系带背子，胸口袒露的面积更大，与长袖衫子套穿时，更能凸显曼妙身姿。

▲　印花对襟系带背子效果图
根据新疆吐鲁番阿斯塔那张雄、麴氏夫妇合葬墓出土背子摹绘，徐央、练婉君绘

►　身穿对襟背子的唐三彩女俑
陕西西安王家坟出土，图片引自陕西历史博物馆

为使穿搭层次突出，这种穿在外面的背子还可在前胸处留出更大的开口，直接形成一个大大的 V 形领。

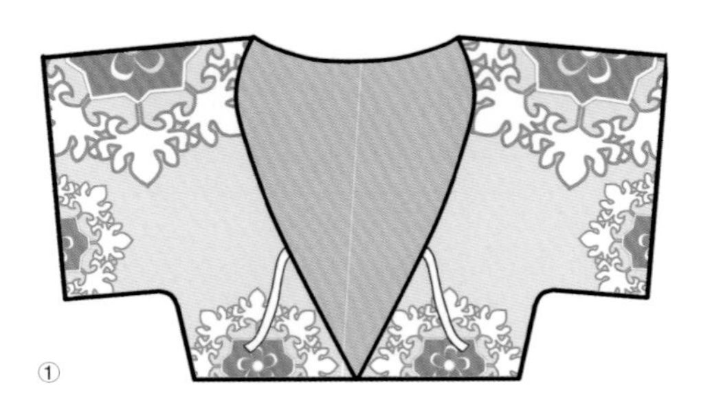

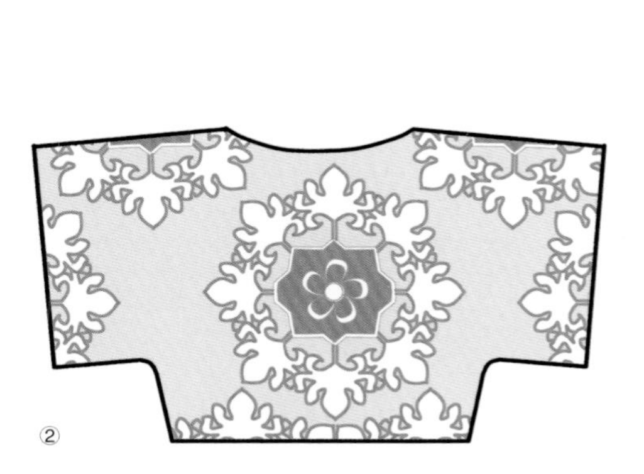

▲　①②两襟呈 V 形的对襟系带背子正背面效果图
根据新疆吐鲁番阿斯塔那古墓出土的绿地宝相花纹锦背子摹绘，徐央、练婉君绘

（六）两襟敞开的背子

有的背子干脆两襟直接敞开，完全露出胸前，可以作为某一层次搭配穿着。

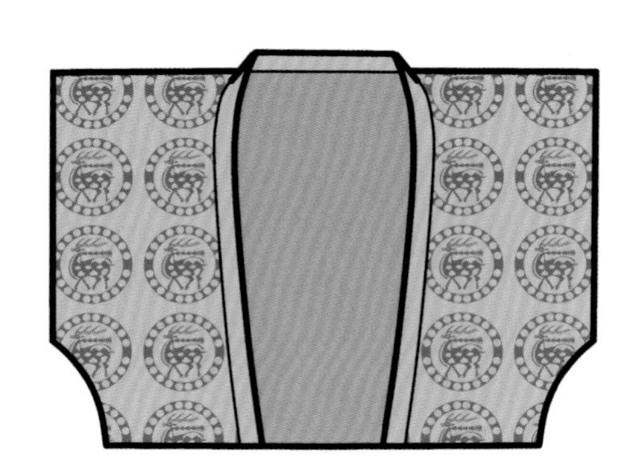

▶ 两襟敞开的背子效果图
根据新疆吐鲁番阿斯塔那张雄、麴氏夫妇合葬墓出土背子摹绘，花色根据黄地联珠鹿纹锦重新设计，徐央、木月绘

（七）小众款式的背子

除了常规的无袖对襟背子，还有一些独具特色的款式，比如下面这件无袖的浅交领背子。同样是内外襟对称交叠的交襟结构，但是领子的形态曲折，而且腋下略微向里收，颇有设计感。这件背子充分说明了在内襟连接左侧、闭合点受力平衡的交襟结构下，充满了无限的创新潜力。

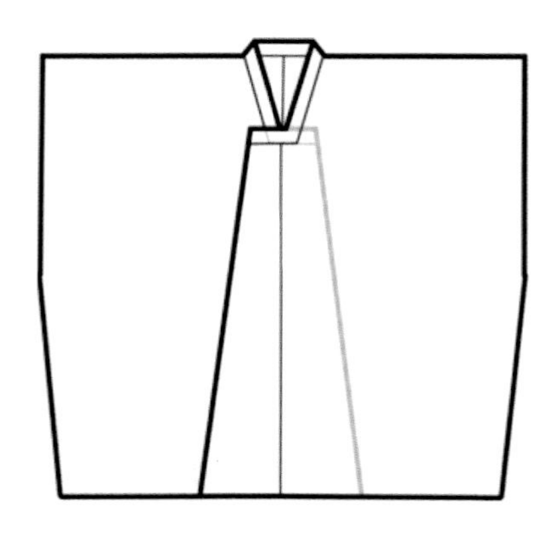

▲ 无袖浅交领背子透视图　徐央绘

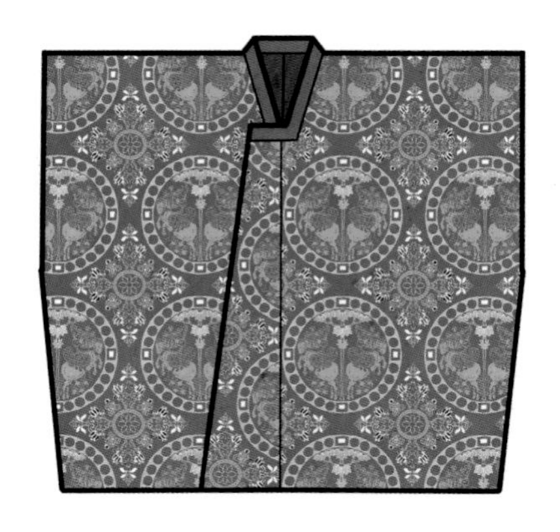

▲ 无袖印花浅交领背子效果图
根据四川成都博物馆收藏的唐朝缠枝宝花团窠花卉纹锦背子摹绘，徐央、木月绘

从唐朝画作、陶俑的人物形象可以看出，即便是结构简单的背子，也可以通过领型的微调来实现风格的变化。例如除了对襟，还有通过续衽的多少来做成浅圆领、浅交领的款式。这种续衽很浅、很短，往往集中在前胸腹部，与腰侧离得较远，和整体的短衣无袖造

型相匹配。这说明汉服款式之间存在着千丝万缕的联系，互相有着演变的交叉关系，共同构成了一个庞大复杂且不断推陈出新的服饰体系。

► 领型多变的锦背子
根据新疆吐鲁番阿斯塔那张雄、麴氏夫妇合葬墓出土服饰俑摹绘，王梓璇绘

三、圆领对襟的打底衫

脱掉上衣最外层的半袖或背子后，就是打底衫了。唐朝的打底衫以圆领对襟的长袖衫子最为流行，穿衣时将其穿在最里面且要扎进裙子。这种衫子结构比较简单，袖子很窄、很长，以至于袖口堆积在手腕处，形成层层叠叠的褶皱。领口挖出了一个圆形，领缘很窄，只有细细的一条牙边，在中间合拢，用系带或者一颗很小的纽襻闭合。当圆领的领口较高时，一般会在外衣的遮掩下，露出一点点圆领的弧线；当圆领的领口较低时，往往会直接单穿，露出胸前的肌肤。

值得注意的是，很多时候唐代壁画人物所穿的打底衫的圆领容易与颈纹、颈窝混淆，让人判断不出衣服层次，在观赏时需仔细分辨。

◄ 身穿圆领对襟长袖衫的女子形象
① 陕西咸阳礼泉县唐麟德二年（665）李震墓出土壁画局部
② 陕西咸阳礼泉县唐乾封二年（667）韦贵妃墓出土壁画局部
③ 陕西咸阳礼泉县唐咸亨三年（672）燕妃墓出土壁画局部

四、潮到极致的袒领衫

袒领衫脱胎于圆领对襟的衫子，这种衫子本是一种衣身狭窄短小的夹衣或绵衣，当圆领的领口极为平坦、下垂时，则形成了袒领衫。袒领从外观看，是一种领口很低的椭圆或圆形领型，特点是露出脖颈和胸上部，为女性所专用，这也是我国古代服装史上非常少见的款式。与袒领衫搭配的多是高腰的多破裙，将腰肢约束得纤细玲珑，不盈一握。

袒领衫虽是唐朝服饰，其实从南北朝开始，一直到五代时期都有流行。这是因为服饰的流行与朝代的更替并不是完全重合的，并不是"一个朝代一种款式"。汉服体系形制传承数千年，朝代更替只能影响流行风尚中的一部分元素，同时期内有多种风格的服饰也十分自然。

◀ 身穿袒领衫的女子形象
① 陕西渭南富平县唐上元二年（675）李凤墓出土壁画局部
② 引自运城市河东博物馆编著《盛唐风采：唐薛儆墓石椁线刻艺术》
③ 隋代釉彩女俑，张梦玥拍摄于洛阳博物馆

袒领衫有些西方晚礼服的即视感，当然两者的剪裁不一样，尤其在穿搭上，唐朝女性甚至将其单穿，露出胸前大片肌肤。

从剪裁角度说，袒领衫的特征是平面对折，通肩接袖（也可以不接袖），对襟系带（对襟的领口很低）。从平铺的形态来看，其实际上就是圆领对襟衫，只是袒领的领口更深、更袒露，外形呈现一种竖向或横向的椭圆形。

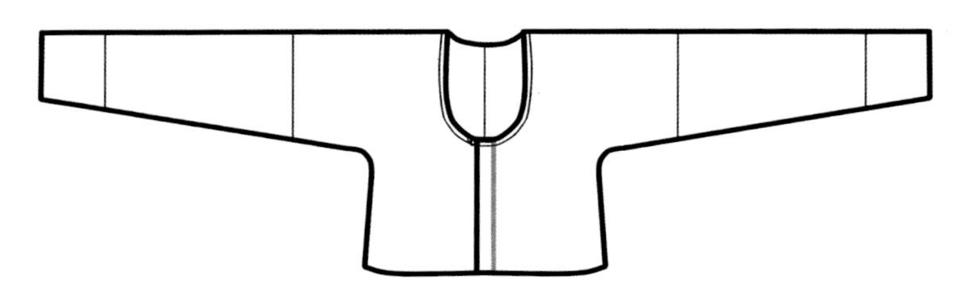

▲ 袒领衫结构透视图 徐央绘

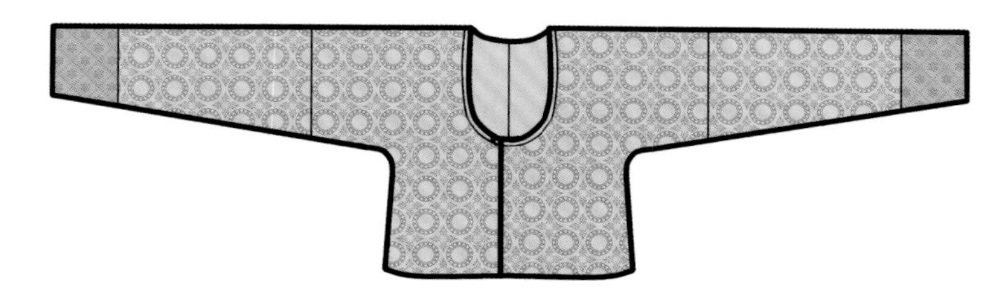

▲　印花袒领衫效果图
徐央、木月绘

跟半袖一样，长袖的袒领衫领口也有“桃心领”的样式。根据实际剪裁和穿着实践来看，也是穿着后将对襟的领子撑出来的效果，而不是刻意裁剪制作出来的形状。

► 桃心领的袒领衫造型
根据陕西咸阳礼泉县唐咸亨三年（672）燕妃墓出土壁画绘制，黄湘婷绘

五、多姿多彩的基本款短衫

如果说打底衫、袒领衫常与半袖、背子等配套穿着，那么短衫更多时候可直接单穿。这些短衫除了常见的圆领对襟款，还有对领、交领等款式，在不同的装束造型中，变换出不同的风格。

（一）几乎隐身的基本款：两襟平行的对襟短衫

一般衣长在腰胯以上的衫称作“短衫”。由于唐朝裙子系扎的位置十分靠上，我们在当时的壁画和陶俑上看到的人物上半身露出的衫子往往就是对襟短衫。

▲ 身穿平行对襟短衫的女子形象
① 唐张萱《虢国夫人游春图》（宋摹本）局部
② 唐张萱《捣练图》局部
③ 唐周昉《调琴啜茗图》局部
④ 唐佚名《唐人宫乐图》局部

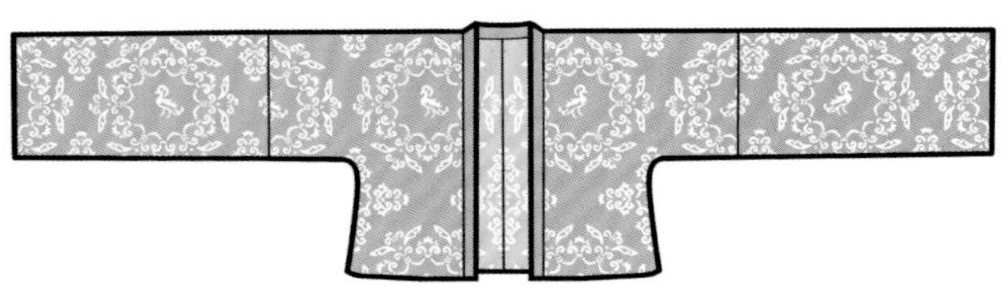

▲ 对襟长袖短衫效果图
花纹根据黄色花簇对鹦鹉纹印花纱图案重新设计，徐央、练婉君绘

► 对襟长袖短衫整体造型图
根据盛唐早期骑马戴帷帽仕女俑重新设计，徐央绘

两襟平行的对襟衫在穿着效果上，也可以呈现出V形的造型，这是由“对穿交”的穿法即左右交叠的方式形成的。

◀ 身穿交叠对襟短衫的女子形象
① 唐阎立本《步辇图》局部
② 陕西咸阳礼泉县唐乾封二年（667）韦贵妃墓出土壁画局部
③ 陕西西安王家坟唐安公主墓出土壁画局部

（二）两襟合拢的对襟短衫

此种上衣两襟对称，合拢之后用系带固定，领口呈Y形。穿上齐胸长裙后，看起来像是V领。从穿着层次来说，一般穿在最里层或者中间层。

虽然大多数唐代陶俑的衫裙穿着方式是将裙子系扎在胸口以上，但也有三彩俑显示，还有齐腰穿的穿法。

▲ 两襟合拢的对襟短衫效果图
花纹根据菱格瑞花纹重新设计，徐央、木月绘

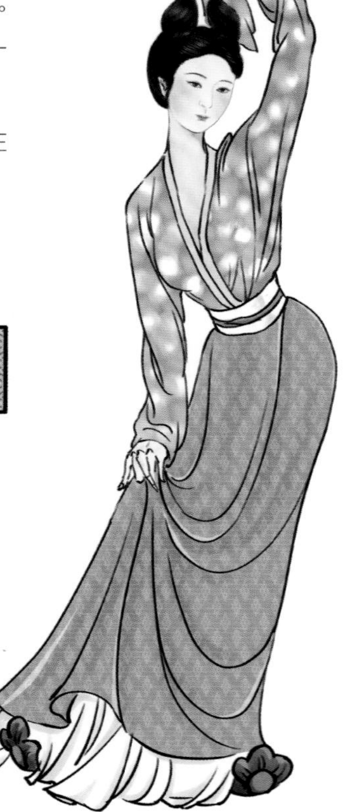

► 对襟长袖短衫配齐腰长裙整体造型图
根据山西运城博物馆藏三彩女舞俑摹绘，徐央绘

（三）浅交叠短衫

这种短衫浅浅交叠的交领，介于交领（交襟）与对襟之间，也是内外襟交叠、左右交叉受力的结构。

此种款式比较百搭，在穿搭层次上比较日常和随意，既可以作为对襟衫系扎在裙里，又可以放在裙外作交领衫穿。正如唐朝诗人温庭筠“舞衣无力风敛，藕丝秋色染”（《归国遥·双脸》）描绘的那样清雅柔曼。

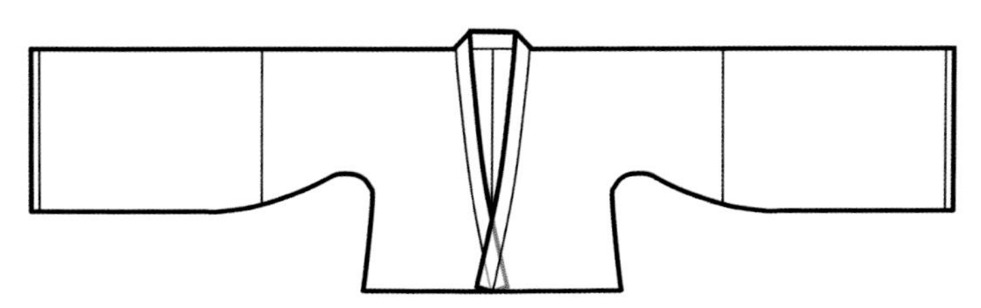

▲ 浅交叠短衫结构透视图 徐央绘

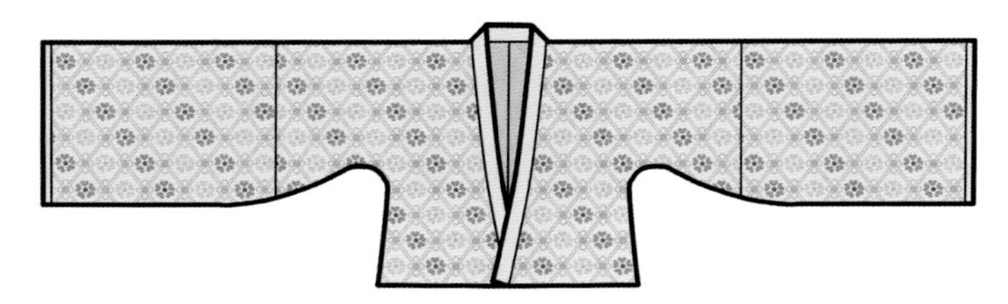

▲ 印花浅交叠短衫效果图 徐央、木月绘

（四）深交叠短衫

唐张祜吟道：“鸳鸯钿带抛何处，孔雀罗衫付阿谁。”（《感王将军柘枝妓殁》）衫子搭配裙帔，可以衍生出无数种风格的造型。通过观察唐代壁画和陶俑，可以发现衫不全是对襟的，也有交叠较深的款式，内外襟倾斜，呈现又字形。

① 陕西渭南蒲城县唐天宝元年（742）唐让帝惠陵出土壁画局部
② 陕西西安东郊唐天宝五年（746）苏思勖墓出土壁画局部

◀　身穿深交叠短衫的女子形象
③ 陕西西安浐灞生态区白杨寨墓地 M1373 出土壁画局部
④ 唐吴道子《送子天王图》局部

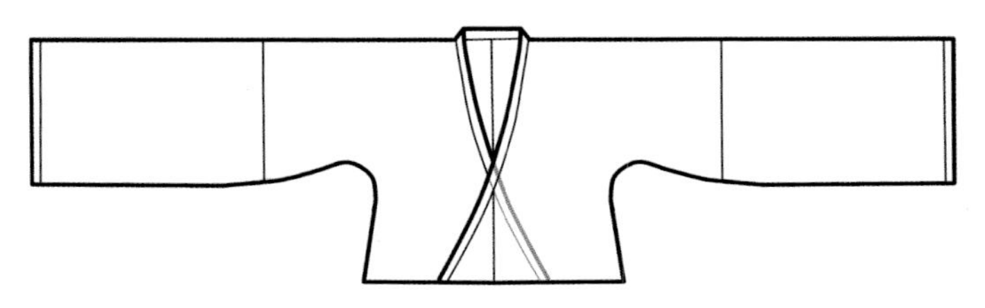

▲　深交叠短衫结构透视图　徐央绘

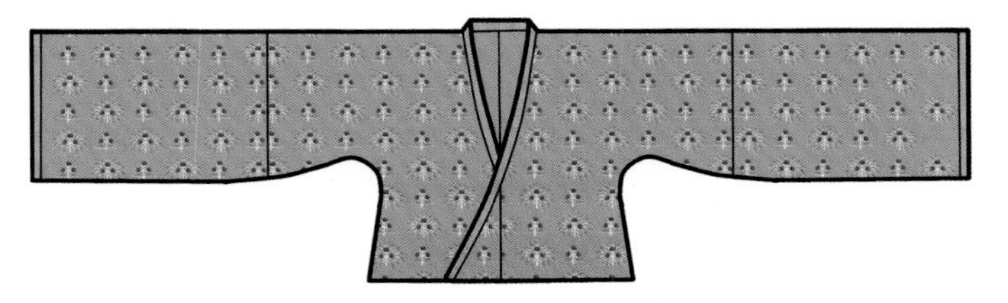

▲　印花深交叠短衫效果图
根据甘肃敦煌石窟壁画中供养人上衣摹绘，徐央、木月绘

此种交领右衽短衫的基本结构很简单，就是内外襟交叠重合，通肩连袖，后背中缝，前襟续衽（或不续衽，对穿交），领型变化从浅浅的交叠到大面积交叠，不一而足。总的来说，领口的高低和交叠面积的大小，与季节变化存在一定的关系，最终呈现出来的效果，又与面料、花色息息相关。哪怕是同一种款式，换上不同花色，呈现出的效果也迥然不同。

◀　交叠程度更深的短衫效果图
根据唐代苏思勖墓出土壁画摹绘，花纹根据棕色绞缬菱花绢重新设计，徐央、木月绘

（五）带锦褾的短衫

这种短衫窄窄的袖口处，有用华丽的锦料制作的锦褾，花色有联珠纹、瑞花纹等，极其精致。在用途方面，谈不上保护袖口，但是装饰性极强，有一种腕镯的即视感。这种袖褾一般出现在唐朝前期的壁画中。

▲ 袖褾细节图
根据陕西咸阳礼泉县唐永徽二年（651）段简璧墓出土壁画局部摹绘，徐央绘

（六）接襕的短衫

衫一般不接襕，但有一种款式是例外的。有趣的是，这种款式并不是接完整的一圈，而是只接部分，穿着后身前会露出缺口。陕西咸阳初唐时期的李寿墓出土的线刻画中有所表现，证明这种设计曾流行过，但在唐朝后期较为少见。以下是根据文献和文物绘制的推测图。

▲ 接襕的短衫
陕西咸阳三原县唐贞观五年（631）李寿墓出土线刻画局部

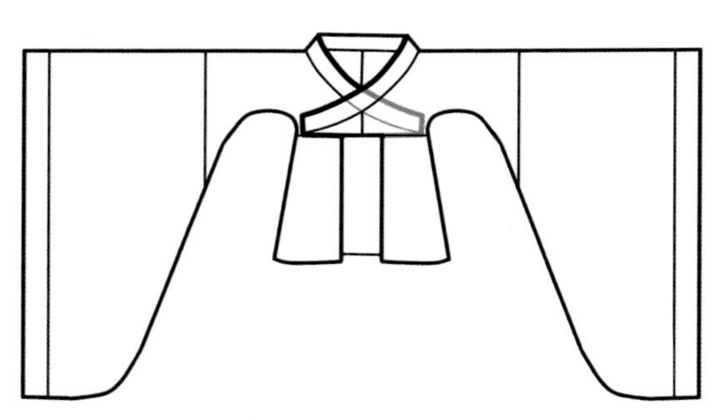

▲ 接襕短衫结构透视图 徐央绘

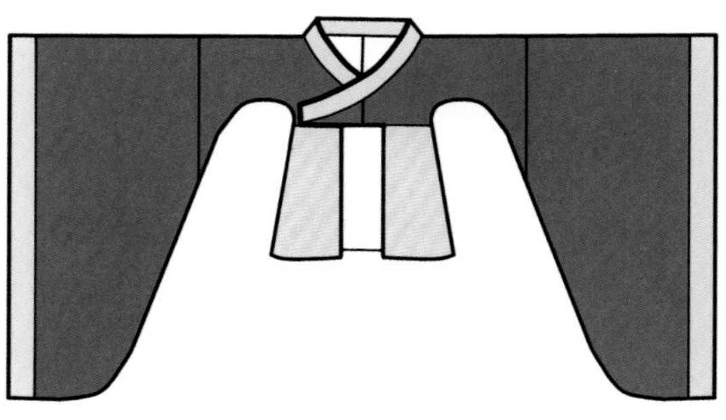

▲ 接襕短衫效果图 徐央绘

还有一种加襕的衫子款式，其领缘加长，交叠闭合，还会将领缘作系带使用。这种款式主要见于唐朝初期，为北周以来的遗留，在后期较为少见。以下是推测图。

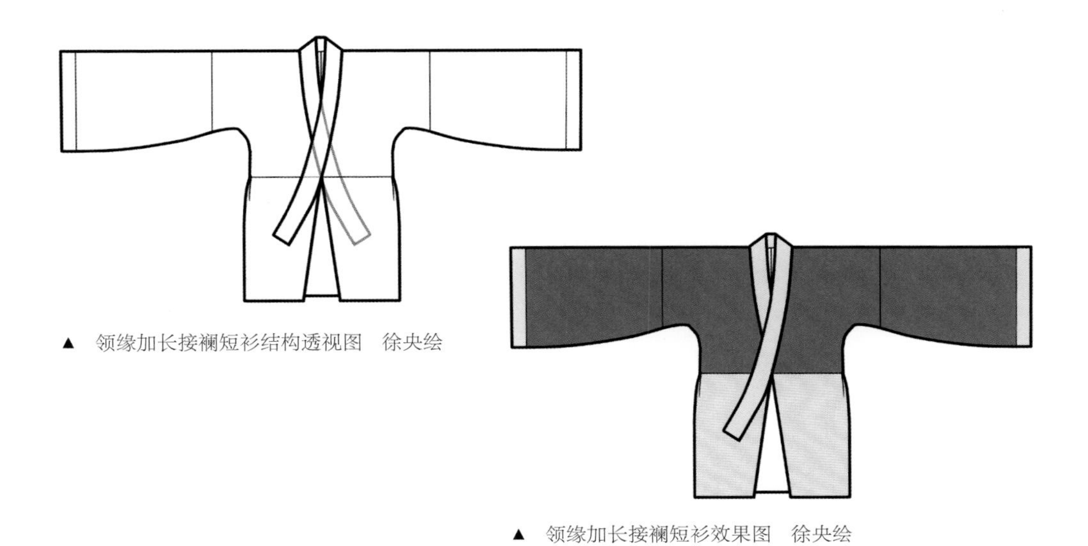

▲　领缘加长接襕短衫结构透视图　徐央绘

▲　领缘加长接襕短衫效果图　徐央绘

六、华贵还是朴素？全靠面料

唐代的纺织技术达到了一个巅峰，纺织品种类不可胜数，技艺巧夺天工。丝织品总体来说都是滑腻柔顺的，但是细细分辨，因为缫丝和织造方式的不同，有的轻薄似无，有的厚实硬挺，差异颇大。上衣衫子一般贴身穿着，锦缎太厚，生絁（shī，蚕丝织物）太粗，人们选用的往往是亲肤柔软、细腻顺滑的面料，如纱、绫、罗、绢、绮等。

唐白居易《寄生衣与微之，因题封上》云："浅色縠衫轻似雾，纺花纱裤薄于云。莫嫌轻薄但知著，犹恐通州热杀君。"可见唐代纱罗轻薄、细腻到极致。"藕丝衫子柳花裙"（唐元稹《白衣裳二首》），"薄罗轻剪越溪纹"（唐罗虬《比红儿诗》），"薄罗衫子透肌肤"（五代花蕊夫人《宫词·其八十六》）等诗句都描绘出纱罗覆盖在肌肤上若隐若现的情状，呈现出一个个活色生香的盛唐仕女形象。纱最轻薄者谓之轻容，又写作轻庸、轻褣。白居易在《元九以绿丝布白轻褣见寄制成衣服以诗报知》中写道："绿丝文布素轻褣，珍重京华手自封。"宋王存等《元丰九域志》进一步记载了产地，"越（州）……轻容纱五匹"。轻容被人形容为"举止若无"，足见其工艺之精巧。

还有常见的"罗衫"，见于记载的名称就有云罗、孔雀罗、纤罗、瓜子罗、蝉翼罗、花罗、柏叶纱罗、凤尾香罗等。罗既有筋骨，又贴身顺滑；既层次鲜明，又有低调奢华的暗纹，被大众所喜爱。

前面介绍的各种款式的短衫，面料不仅可用绫罗绸缎，也能用苎麻葛布。晚唐诗人杜荀鹤在《山中寡妇》（一作《时世行》）中描写道：“夫因兵死守蓬茅，麻苎衣衫鬓发焦。”唐周渭《赠龙兴观主吴崇岳》中有：“楮为冠子布为裳，吞得丹霞寿最长。”都能说明普通平民穿着“布衣”，衣料以麻和葛为主。今天一提到“麻布”，就会想起粗糙、带毛刺的麻袋、麻绳，很难想象古人怎么做到长时间穿这么粗糙的面料。其实葛、麻都是大类名称，麻有大麻、苎麻、黄麻以及纤用亚麻，葛为多年生藤本植物，也有很多品种。但不是所有品种的葛、麻都是粗糙的纤维，比如夏布（麻布的一种），质地就很好。一些贵族甚至还专门穿苎麻衣，如唐雍陶《公子行》：“公子风流嫌锦绣，新裁白纻作春衣。”材质粗糙、价格低廉的葛麻多为广大平民百姓选择的衣料，久而久之，变成了普通民众或者平民身份的代名词。比如唐朝诗人刘景复在《梦为吴泰伯作胜儿歌》中吟道：“麻衣右衽皆汉民，不省胡尘暂蓬勃。”唐岑参《戏题关门》写道：“来亦一布衣，去亦一布衣。羞见关城吏，还从旧路归。”

唐 场景四　一起劳动的姐妹们

今日刮起一阵阵清凉的夏日微风，一群叽叽喳喳的小女孩在李三娘的带领下，聚集在后院干活。她们有的挽着袖子捣洗煮过的生丝织物，有的成双成对地络线，有的则拿着熨斗仔细地熨平绢料，还有的坐在一起缝缝补补。无论是姐姐还是妹妹、老妪还是姑婆，都穿着窄袖的短衫、齐胸的衫裙，搭配着长长的披帛，一个个收拾得干净利落。若是嫌长裙碍事，用披帛把长裙一扎，便可以行动自如了。竖向拼接起来的裙子显得女孩子们身材高挑颀长，行走摇曳之间，会微微露出里面扎起来的裤脚。

▲ 着齐胸衫裙的仕女
根据唐周昉《调琴啜茗图》摹绘，王梓璇绘

一、露出一点点裤脚的小口裤

在研究文物时，总会有点小遗憾，那就是唐朝的女孩子们特别喜欢穿长长的裙子，往往遮住脚踝，甚至裙摆拖至地上，所以很少能看到她们穿在里面的裤。不过，在传世的《步辇图》中，可以看到宫女们穿的露出一点点裤脚的条纹锦裤。

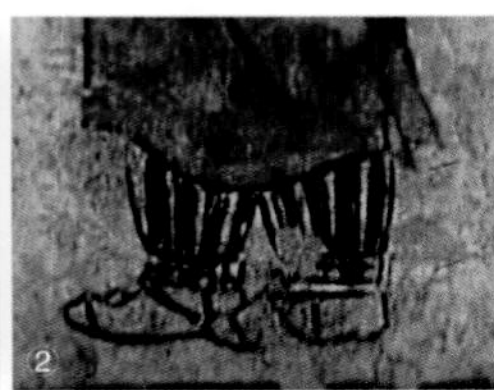

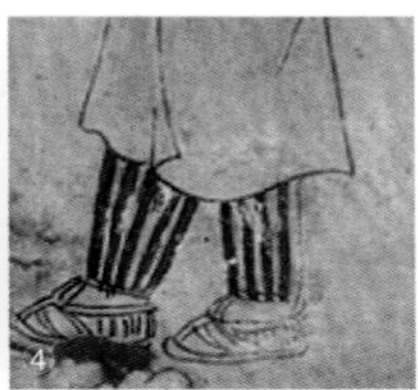

▲　裙下露出来的条纹锦裤
① 唐阎立本《步辇图》局部
② 陕西西安唐总章元年（668）李爽墓出土壁画局部
③ 陕西咸阳礼泉县唐永徽二年（651）段简璧墓出土的壁画局部
④ 陕西咸阳礼泉县唐上元二年（675）阿史那忠墓出土壁画局部

从外观上看，这种小口裤胖乎乎的，像是我们今天常见的灯笼裤，但是从汉裁角度来讲，它与西式灯笼裤完全不同。汉裁注重布料完整，尽可能不削幅、不浪费，西式裁剪方法则追求局部的立体造型，裁片线条呈弧线形、有曲折，裁剪时会产生大量的碎片。

汉服体系中的交裆裤，主体结构为两条裤腿纬向对折、裤腰部分开口，采取围合式、裤腰交叠的穿法。裆片的形状为矩形、三角形等，拼接的地方也有所不同，但都遵循正裁、直线切割的原则，尽量追求直线。裤脚收束、不剪开而是直接打褶收束为小口裤。

唐代的裤同样承前启后，与战国时期的马山楚墓出土的交裆裤、南宋赵伯沄墓出土的交裆裤有着一脉相承的结构特征。

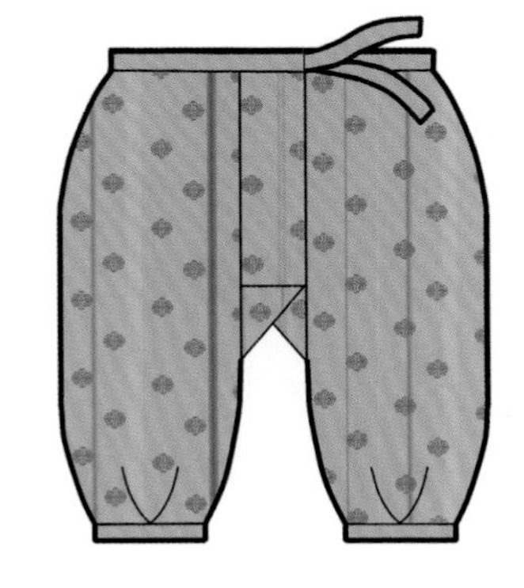

► 条纹小口裤效果图
花纹根据条纹锦图案重新设计，徐央、木月绘

二、多破裙：颀长婀娜显风姿

古代文献中对裙常有“六破”“十二破”的记载。《旧唐书·高宗本纪》中有：“靡费既广，俱害女工。天后，我之匹敌，常着七破间裙，岂不知更有靡丽服饰？”唐代宗大历六年（771）《禁大花绫锦等敕》规定：“竭凿六破已上锦、独窠文纱、四尺幅及独窠吴绫、独窠司马绫等，并宜禁断。”《新唐书·车服志》载：“流外及庶人不服绫、罗、縠、五色线靴、履。凡裥色衣不过十二破，浑色衣不过六破。”宋曾慥《类说》“五色裙”条有：“梁武帝造五色绣裙，加米（《说郛》本作‘朱’）绳珍珠为饰。隋炀帝作长裙十二破，名仙裙。”清颜元《礼文手钞》有写：“长裙用极粗生麻布六幅为之，六幅共裁为十二破，联以为裙。”

我们可以清楚地看到，历代史料里面提及间色衣裙时，都没有单独使用“破裙”一词，反而是“数字 + 破”这个组合频繁出现。

根据汉服研究者铉姬的考证，“六破”“十二破”等概念，是指裙子的剪裁特征，所以要在“破”前加上数字。如果不知道一条裙子经过几次剪裁而成，那么可以笼统地称呼为“多破裙”。由于古今布料幅宽变化较大（古代布料幅宽多为 30—50 厘米，而现代布料幅宽一般在 100 厘米以上，这就导致同样次数破开的裙子裁片大小不一。再加上现有资料不足以明确考证所有文物裙子的破开次数，所以笼统地称呼使用这种剪裁方式的长裙为“多破裙”，同时按照平铺图裁片的数量予以区分），故下文均按照裁片的数量来区分是几破裙。

纵观隋唐妇女装束，以齐胸长裙为主流，其中又以多破裙占比最大。无论是文献、陶俑还是考古发掘的实物，都可看出多破裙是唐朝姐妹的“白月光”“朱砂痣”。

唐代的多破裙样式繁多，有长款的，有短款的；褶有稀疏的，也有密集的，可谓缤纷多彩、风姿摇曳。

（一）拉高显瘦的长款多破裙

长款的多破裙，展开来看，就是把一条条裁开的布条上下颠倒之后缝合在一起，上窄下宽，围合穿着。这样的裙子，比起褶裙来说，更贴合胸腹、更显身材，裙摆更大、更方便起舞时转圈圈。从视觉效果看，穿上长款多破裙后瞬间显瘦“二十斤”。不管在古代还是现代，颀长窈窕的身材是女孩子永恒的追求。

► 长款多破裙示意图
根据陕西咸阳礼泉县唐龙朔三年（663）新城长公主墓壁画摹绘，王梓璇绘

在那个没有缝纫机的时代，衣服全靠人手缝，这样细密的长款间色多破裙，显然靡费人工、铺张浪费，以至惊动了唐高宗，他下诏申斥，禁止制作。

从陕西礼泉唐韦贵妃墓、燕妃墓等处出土的壁画来看，长裙有红白相间、黑白相间、绿白相间，配色精美。初唐到武周时期流行这种细密的间色裙，后面一些时候，裙子虽依旧为细条拼接，但流行的是同色裙，而不再是间色裙。

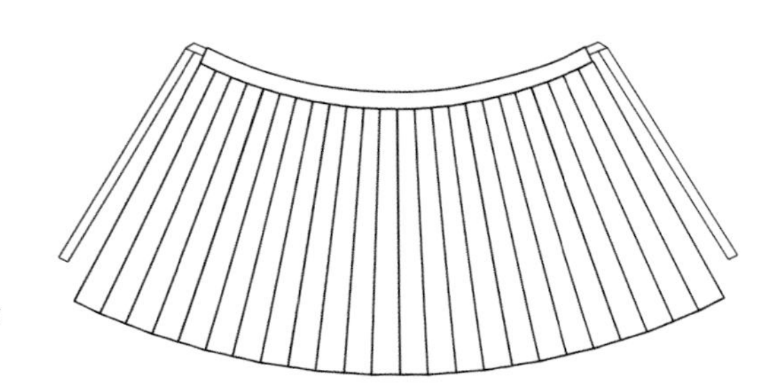

▶ 多破裙基本款式结构图　徐央绘

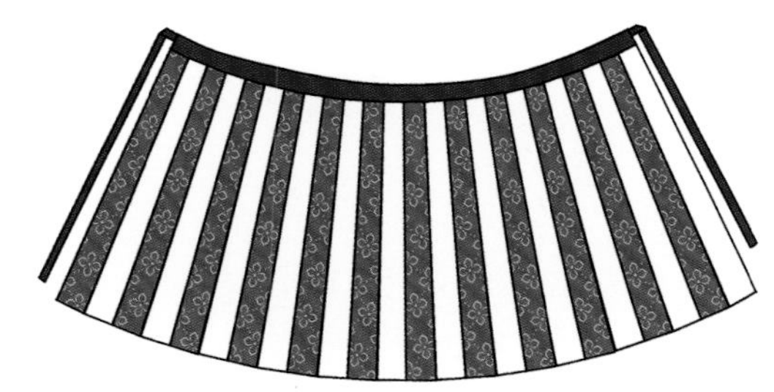

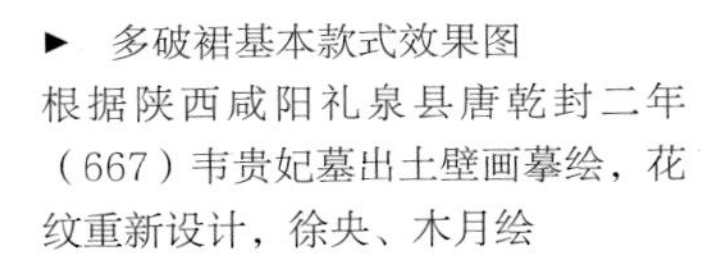

▶ 多破裙基本款式效果图
根据陕西咸阳礼泉县唐乾封二年（667）韦贵妃墓出土壁画摹绘，花纹重新设计，徐央、木月绘

多破裙的竖向裁片加上齐胸裙的长度，使裙子整体具有一气呵成的流畅美，令其在女性整体造型中占据了一半以上的比例。为了达到“飘摇兮若流风之回雪”（东汉曹植《洛神赋》）的效果，裙料势必要选择柔顺飘逸的丝织品，如绫、纱等。

唐代诗人白居易有一首《缭绫》，对当时的“绫”进行了精细的描述：“缭绫缭绫何所似？不似罗绡与纨绮。应似天台山上明月前，四十五尺瀑布泉。中有文章又奇绝，地铺白烟花簇雪……织为云外秋雁行，染作江南春水色。广裁衫袖长制裙，金斗熨波刀剪纹。异彩奇文相隐映，转侧看花花不定。”从诗句中可以看出，缭绫顺滑而柔美，挂起时如同瀑布一般倾泻而下，既贴身，又能形成轻柔漂亮的褶皱线条，材质与形制互相影响，相得益彰。

纱是简单的平纹组织的熟丝织品，表面呈方孔状。轻纱曼舞，影影绰绰，用纱来做长裙，有一种欲说还休的娇柔美感。

在穿着方法上，长裙通常是通过围合的方式穿着，一般在腰部缠绕一圈半就足够，不会露出里面的衣裳，也可以多缠绕几圈，旋转起来时，下摆呈现出层层叠叠的样式，煞是好看。

▲ 套裙式穿着 徐央绘　　▲ 围合式穿着 徐央绘

对于女性来说，静态要美，行走坐卧之间依然要美。在此要求的基础上，布料裁得更细、拼得更多、下摆更加宽大的扇形多破裙就诞生了，如下图所示的二十二片多破裙。

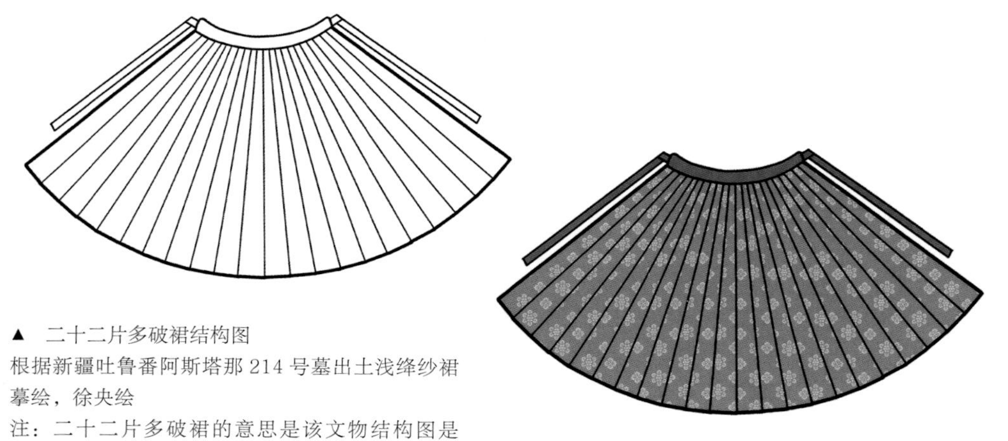

▲ 二十二片多破裙结构图
根据新疆吐鲁番阿斯塔那 214 号墓出土浅绛纱裙摹绘，徐央绘
注：二十二片多破裙的意思是该文物结构图是多次交裔（yú）剪裁、拼接而成，平铺之后有二十二片裙子裁片。以下类似表述均如此理解

▲ 二十二片多破裙效果图
花纹根据宝相花纹重新设计，秧苗、木月绘

（二）不能完全围合的多破裙

此种裙是穿在最外面的单品，一般用薄纱制成。这种裙子穿上之后，裙身不能覆盖住周身，所以装饰性往往大于实用性。裙头部分刺绣描金，极其奢华，有的还会采用缂丝技艺，于方寸间彰显华彩。一寸缂丝一寸金，这种通经断纬的纺织品，有着层次丰富的雕镂感，色彩、纹样灵活多变，带着独有的肌理质地，可以让造型的奢华富丽提升一个维度。

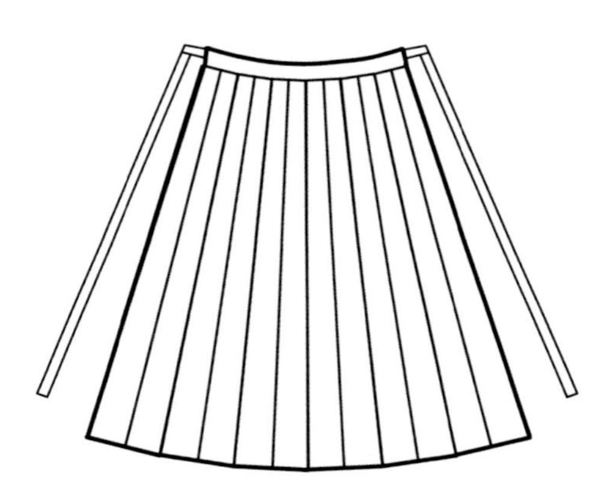

▲ 不能围合的多破裙结构图
根据武敏《吐鲁番考古资料所见唐代妇女时装》一文中的数据推测绘制，秧苗绘

▲ 不能围合的多破裙效果图
花纹根据狩猎纹重新设计，秧苗、木月绘

（三）半截的多破裙——陌腹

除了长裙，还有一种半截围裳，也叫陌腹，基本的裁制方式与长裙相同，也是多破裙的形制，只是更短、更窄。实际搭配时，穿在间色多破裙的外面，从后往前围系，在身前并不重合交叠，系带缠绕之后，在右侧腋下系结并下垂。

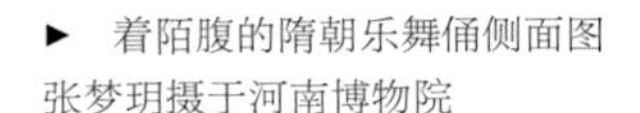

► 着陌腹的隋朝乐舞俑侧面图
张梦玥摄于河南博物院

（四）六片多破裙

这种裙子由六片裙片拼接而成，呈现出上窄下宽的扇形，更能贴合人体，又可加大裙摆。

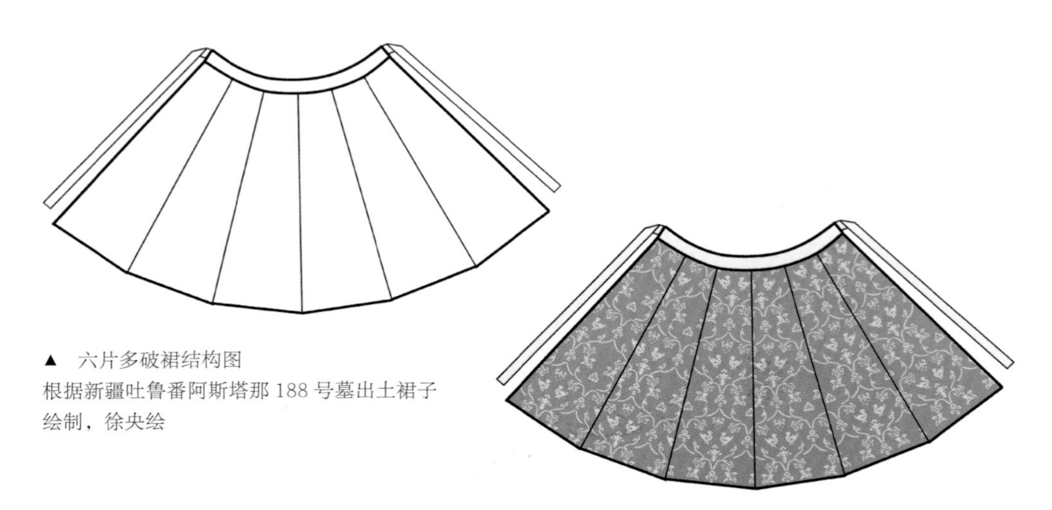

▲ 六片多破裙结构图
根据新疆吐鲁番阿斯塔那 188 号墓出土裙子绘制，徐央绘

▲ 六片多破裙效果图
花纹根据对鸟卷草纹样重新设计，徐央、木月绘

还有一种裁片呈直角梯形的多破裙，也是六片拼接的裙子款式。

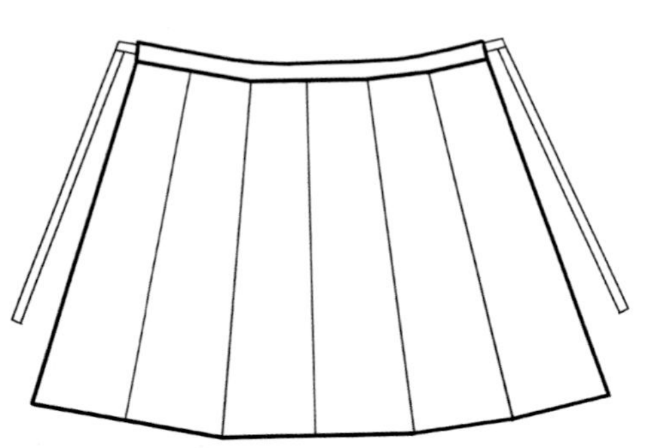

▲ 裁片为直角梯形的多破裙结构图
根据武敏《吐鲁番考古资料所见唐代妇女时装》一文中的数据推测绘制，徐央绘

▲ 裁片为直角梯形的多破裙效果图
花纹重新设计，徐央绘

（五）八片多破裙

裙子只有六片裁片拼接怎么够？爱美的女子，对大摆裙的追求是无止境的。幸运的是，考古学家在新疆吐鲁番发现了一条由八片裁片拼接而成的多破裙，让我们得以见到它的美貌。裙片从六片增加到八片，裙子宽度加宽，围合的程度也更深。

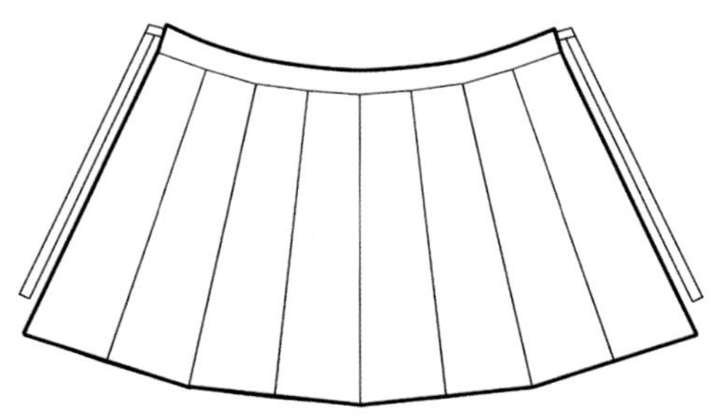

▲　八片多破裙结构图
根据新疆吐鲁番出土的八彩晕裥（jiàn）绫裙推测绘制，徐央绘

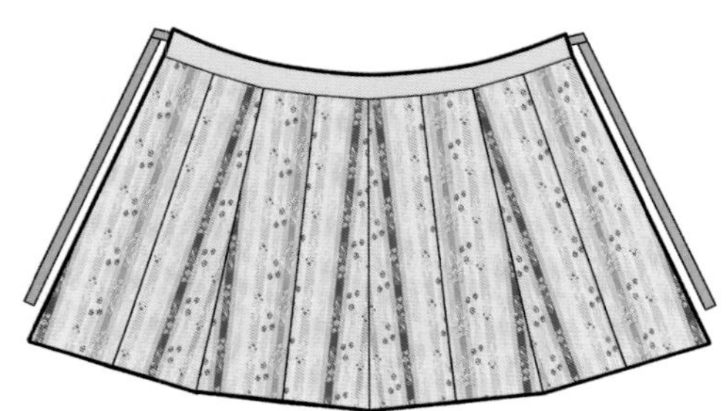

▲　八彩晕裥绫裙效果图（非复原）
花纹根据晚唐敦煌莫高窟壁画上女供养人披肩巾花纹重新设计，徐央绘

根据考古报告得知，这条出土的八片多破裙，面料是绫，而花纹是富丽堂皇的八彩晕裥。八彩晕裥的“裥”，本意是指染缬产生的晕色效果，延展到纺织中，就是指将经线按照色彩变化规律进行排列而织造的花纹。

八彩晕裥除了用于绫上，更常见的是在锦上采用。“锦上添花”这个成语中的“锦”一般都是虚指，但是对于唐朝的纺织品而言，是实实在在的客观描述。新疆吐鲁番阿斯塔那北区 105 号墓出土的一件晕裥锦，褐色彩条纹上就有提花装饰。无独有偶，青海都兰热水吐蕃墓出土过一件晕裥小花锦，也是在彩色条纹上面再织小花。这种紧密排列的彩色条纹和配色，即使在今天也不过时。

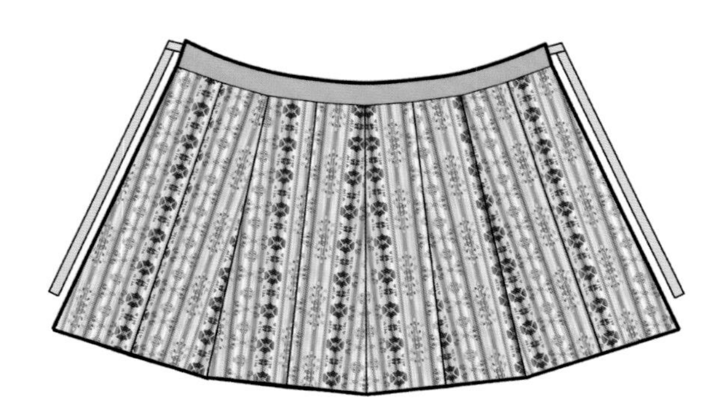

▲　根据日本正仓院藏纺织品残片纹样绘制的八彩晕裥花纹裙　徐央绘

（六）加肩带的多破裙

唐风的齐胸裙很受现代汉服消费者的欢迎，唯一的问题是穿着时容易往下掉，于是汉服商家发明了“防掉神器”——肩带，让裙子通过带子挂在肩膀上。其实，唐朝人早就这样做了，在出土的文物、壁画上经常可以看到身穿带肩带的多破裙的仕女身影。

现代做的裙子往下掉的主要原因是裙子面料太厚太重，因为按照一些消费者为了美而要十二米摆起步的要求，再加上满绣的化纤质地面料，仅仅依靠胸部的系带难以承受裙子本身的重量，所以只能增加肩带来避免滑落。但如果改为轻薄面料，不加肩带也能正常穿着。

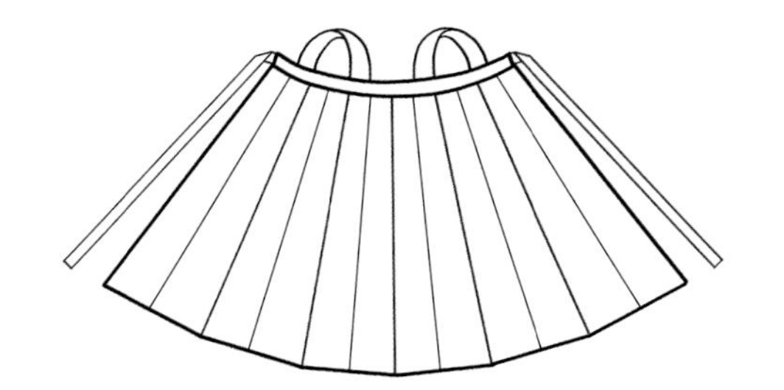

▲ 加肩带的十二片多破裙结构图　徐央绘

▲ 加肩带的十二片间色多破裙效果图　徐央绘

（七）两侧加正幅的多破裙

唐朝的女孩子在穿衣自由上有着自己独特的理解，她们并不满足多破裙的常规做法，于是发明创造出一些颇具巧思的新鲜款式。

下面这条裙子就很有特色，由交窬裁之后的裙片拼接而成，然后左右再各接一幅正幅裙片。“交窬”一词最早出自北京大学藏秦简《制衣》，是服装剪裁术语。从汉裁的角度来说，是指按照一定角度将一块布以斜线分割，并按直对直、斜对斜、直对斜的方式缝合，属于正裁的一种。在穿着时，无论是向前围合，还是向后围合，裙子的一部分线条平整和缓，一部分线条呈放射状，让整个造型更加富于变化。

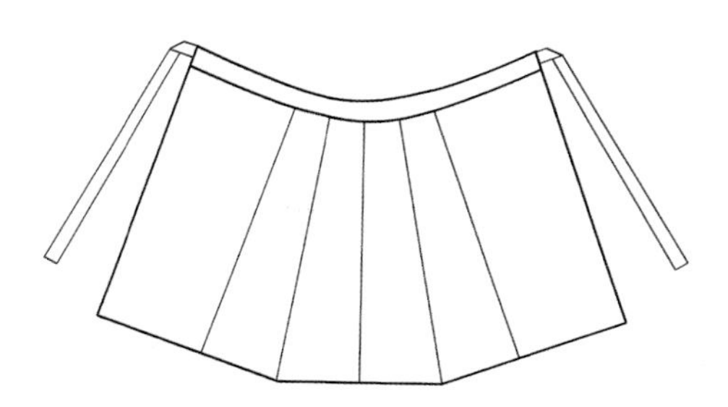

▲ 两侧加正幅的多破裙结构图
根据新疆吐鲁番阿斯塔那 214 号墓出土文物摹绘，
徐央绘

▲ 两侧加正幅的多破裙效果图
花纹根据宝蓝地小花瑞锦图案重新设计，
徐央、木月绘

（八）中间加正幅的多破裙

不得不说，多破裙的剪裁、制作有点像搭积木，正向反向都可以拼接。同样形状的裁片经过不同方式的拼接组合，就能形成不同款式的裙子。多破裙的裁片大多是上窄下宽，正幅除了加在两侧，还可以加在中间。根据武敏《吐鲁番考古资料所见唐代妇女时装》一文的数据，推测文中瓜叶纹印花缦白绢里夹裙就是这种中间加正幅的多破裙。

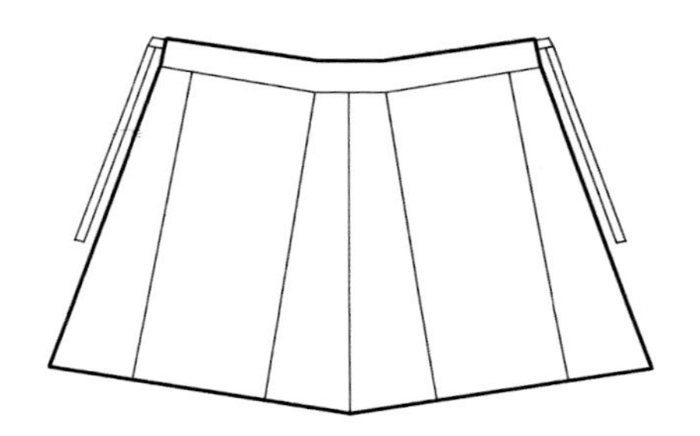

▲　中间加正幅的多破裙结构图　徐央绘

▲　中间加正幅的多破裙效果图
根据瓜叶纹印花缦白绢里夹裙重新设计，徐央绘

单就形制来说，不断推陈出新才是健康发展的正确方向。但在传承的过程中，须尊重传统的基本形制结构，不能天马行空地来，必须坚持“守正”前提下的“创新”。正如唐代的女孩子们，她们无论怎么改动，都是在围合穿戴的交窬裁基础上发挥想象力，没有改动基础结构。

（九）活褶多破裙

前面所述的多破裙的基本形制结构都一样，区别在于裙片的多少、宽窄、拼接方式。除了交窬裁的裙片拼接，还有在此基础上打活褶（打褶后不缝死）的款式。打褶是非常基础的剪裁技艺，其中打活褶技术更是源远流长。从视觉效果来看，多破裙已经是裙身上窄下宽，有了瘦身的效果，但还是不能阻止女孩子们在裙腰处进一步打褶来减少裙腰的宽度，以使自己更显苗条。

1. 四片活褶多破裙

四片活褶多破裙就是由四片裙片拼接，每一幅在裙腰处又打了一个活褶的款式。新疆吐鲁番阿斯塔那 105 号墓就出土了一条打活褶的四片多破裙。这件文物本来是晕裥裙，但上文已经介绍过晕裥，故此处的效果图根据敦煌花鸟纹印花纹样重新设计。印花是很古老的工艺，一直不断发展，到了唐朝又创新出颜料印花、贴金印花等工艺。当时的人们青睐金色，大量在纺织物上使用金箔、金粉，千余年后，我们看到穿越时空而来的实物，依然闪闪发光。

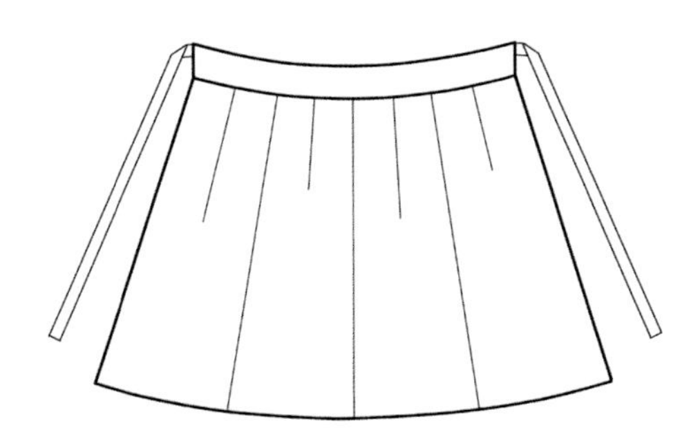

▲ 四片活褶多破裙结构图
根据新疆吐鲁番阿斯塔那 105 号墓出土文物摹绘，徐央绘

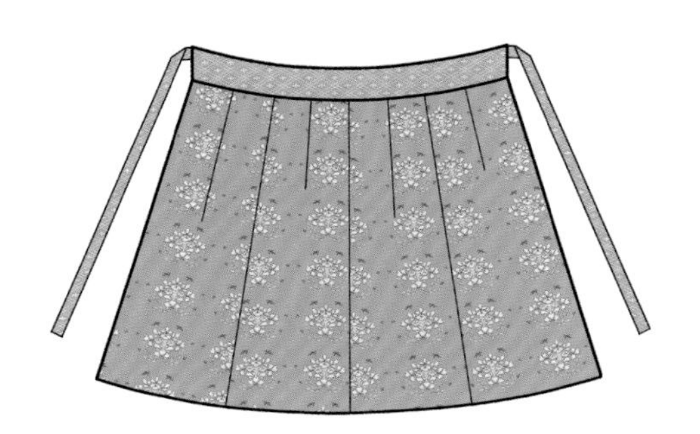

▲ 四片活褶多破裙效果图
花纹根据敦煌花鸟纹印花纹样重新设计，徐央、木月绘

2. 六片活褶多破裙

在四片活褶裙的基础上，假如增加为六片布料拼接，再在裙腰处打活褶会怎样呢？比起四片，这种六片裙的裙身更加肥大，穿着效果也更好。这说明增加裙子裁片的做法，除了能增加裙腰的宽度，更重要的是增加了裙摆的宽度，更显优美。

下图中六片活褶裙的效果图根据绿地十样花纹灰缬绢的图案重新设计。根据张泓溪《唐代碱剂印花研究》（东华大学硕士学位论文）一文可知，灰缬就是用碱性的防染剂来防染的工艺。现藏于甘肃省博物馆的绿地十样花灰缬绢就是用凸版印花版的碱剂印花面料。而碱剂印花就是在生丝罗上印花以破坏丝胶及丝织物碱，以重碱的浆料规划出花纹，破坏织物中间的着色能力，从而达到染色的目的。最开始是单色印花，后来聪明的劳动人民又发明出多色套印技巧，使面料花色更加绚丽多彩。

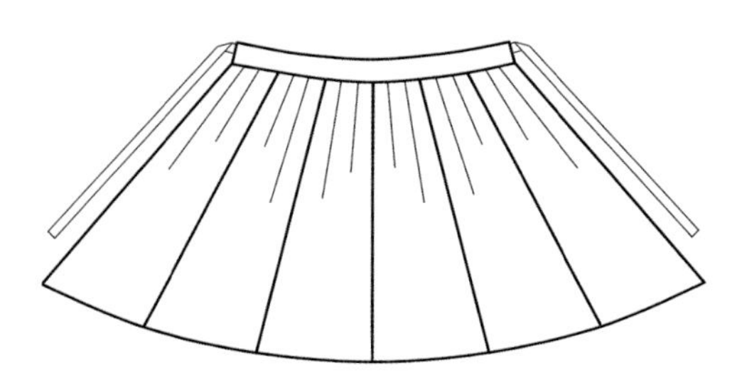

▲ 六片活褶多破裙结构图 徐央绘

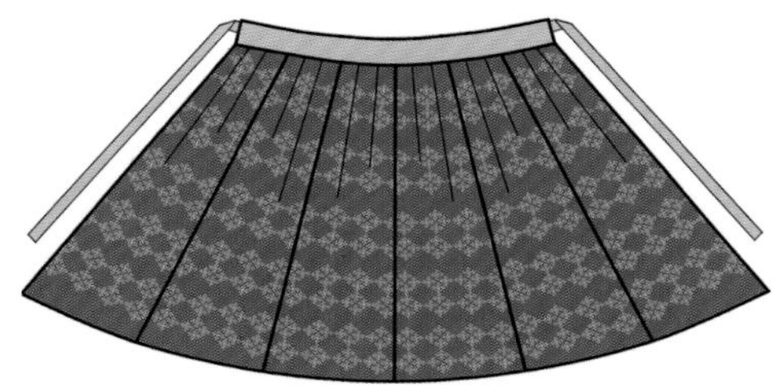

▲ 六片活褶多破裙效果图
花纹根据绿地十样花纹灰缬绢图案重新设计，徐央、木月绘

唐代的碱剂印花工艺失传已久，经现代考古研究，才重现世人眼前，让人惊叹唐代印染技术的高超，审美艺术的绚烂。

缬染工艺源远流长，除灰缬外，还有绞缬、夹缬和蜡缬等。今天经常看到的蓝染布，就是缬染的一种。唐代的缬染种类繁多，其中“团宫缬”尽显大唐的花团锦簇。正如杜牧《池州送孟迟先辈》描绘的那样：“竹冈森羽林，花坞团宫缬。”

3. 二十四片活褶多破裙

除了常见的四片、六片，还有多达二十四片的活褶多破裙，陕西宝鸡法门寺地宫就出土了一条二十四片活褶泥银菱纹罗织金腰裙。泥银是指将银粉末与黏合剂调和成泥状，涂刷在纹版上直接在织物上印出花纹轮廓，再在花纹块面上敷彩绘制成花卉等纹饰。菱纹罗指面料上有菱纹的罗织物，也可以指有暗纹的素色织物。织金腰则指裙腰表层面料为织金锦。

根据陕西省考古研究院的《金缕瑞衣：法门寺地宫出土唐代丝绸考古及科技研究报告》得知，这条裙子的裙身表层织物是由裁剪成宽约 10 厘米、长约 130 厘米的布料拼接而成。在表面手绘泥银纹样后与腰封缝合，腰部做成褶状。

参考现代学者宋馨的论文，对裙子表层形制做推测考证，以还原裙子的排料、剪裁、缝纫方式及外观廓形。推算如下：将 6 片幅长 130 厘米、幅宽 50 厘米的布，剪裁成上宽 10 厘米、下宽 15 厘米的裙片 24 个，合计腰围 240 厘米、下摆围 360 厘米、缝份 60 厘米，减去缝份后的下摆围有 300 厘米，腰围有 180 厘米，再减去裙腰 106 厘米，余 74 厘米为褶子的量。褶子数量及褶份的推算有多种可能，一是按 6 个褶子计算，平均每个约 12.3 厘米宽，即每 4 个裙片有 1 个褶子分布；二是按 8 个褶子计算，平均每个宽 9.25 厘米；三是按 12 个褶子计算，平均每个宽约 6.1 厘米，即每 2 个裙片有 1 个褶子分布。由于报告中对褶子的工艺没有给出更加详细的描述，尝试采用第一种推测，即共 6 个褶子，每 4 个裙片有 1 个褶子分布，并按顺褶方式打褶。这条二十四片活褶裙的外观廓形腰摆比为 1 ：3（本段由汉服研究者汉流莲考证编撰）。

下页复原效果图尽量按照考古报告中提供的花纹进行推测绘制，也模拟了泥银的质地效果，但是由于褪色的原因，底层的菱纹罗真正的色彩是什么，暂时不得而知，于是按照文物出土时的色彩，绘制成浅绛色。也许当年是艳红如火的石榴裙，抑或是青涩稚嫩的碧绿裙，然而一切都在时间的冲刷下，变成了模糊的千年往事。

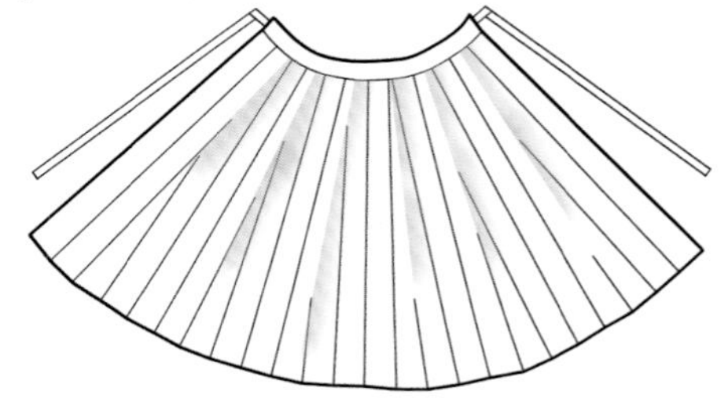

▲ 法门寺地宫出土二十四片活褶多破裙结构图
根据陕西宝鸡扶风县法门寺地宫 T68 号包裹出土的泥银菱纹罗织金腰裙摹绘，阴影部分表示的是裙子的实际打褶效果，徐央绘

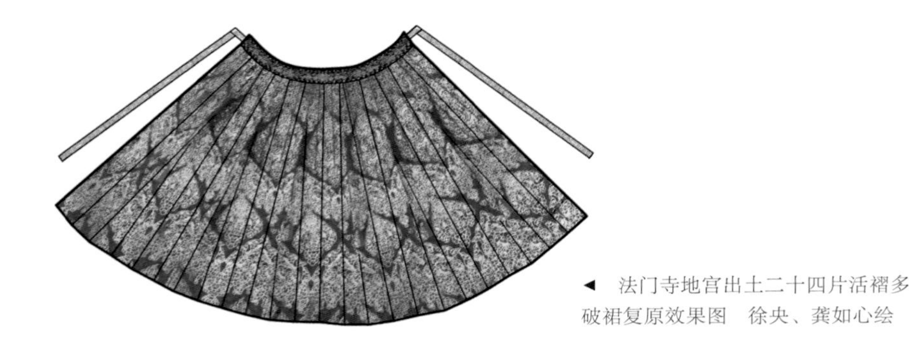

◄ 法门寺地宫出土二十四片活褶多破裙复原效果图 徐央、龚如心绘

（十）死褶多破裙

这种裙子是由多个裙片拼接而成的，每片又打了一个死褶。这里说的“死褶”，就是用线把褶子缝死、固定住的意思。通过打褶，得到了略呈扇形、近似梯形的裙子款式。

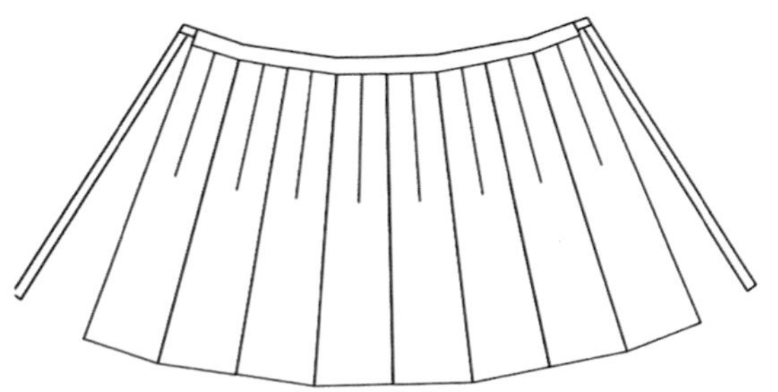

▲ 死褶多破裙结构图 徐央绘

► 死褶多破裙效果图
根据新疆吐鲁番阿斯塔那 187 号墓出土的白花缬绿绢裙（俑衣）摹绘，徐央、木月绘

唐朝服饰留存下来的资料少之又少，以上介绍的款式仅仅是管中窥豹。即使如此，当我们观摩壁画上、文物中的仕女们身穿曳地长裙的形象时，依然会不由自主地想起“裙拖六幅湘江水，鬓耸巫山一段云”（唐李群玉《同郑相并歌姬小饮戏赠》）的吟诵绝句，想象出“荷叶罗裙一色裁，芙蓉向脸两边开”（唐王昌龄《采莲曲》）的美丽画面。多破裙几乎成了唐风的标志，今天还有人直接使用竖条纹的布料来制作长裙，达到模拟多破裙的视觉效果。

三、变换无穷的披帛

从考古资料来看，披帛是一条长长的、两端修饰成船形的矩形布料。披帛本身的剪裁很简单，真正让其大出风头的是穿搭、佩戴方式。几乎每幅壁画、每座雕塑上，都有着不同的挽结披帛的方式，有的搭在肩膀上，有的搭在胳膊内侧，有的笼在双手上，还有的缠在胸口处……明明是同样的款式，不同的佩戴方式便可形成不同的风格，汉服“二次成型”在这里表现得淋漓尽致。

▲ ①～⑫ 披帛的不同穿搭方式 陈朴筠、王梓璇、齐梓伊绘

在唐代，无论是极简主义的三件套，还是加上各种百搭单品的复杂装束，都离不开一条或艳丽、或朴素的“纱巾”——披帛。披帛除了有装饰性，还有实用性。比如想要把裙子收束起来，就可以提拉裙身，用长长的披帛捆扎在腰间、胯部；袖子宽大了，也可用披帛做个“襻膊”，将袖子绑起，一物多用，物尽其用。

▲ ② 对襟袒领半袖衫

▲ ③ 围裳（陌腹）

▲ ① 对襟袒领长袖衫

▲ ⑤ 多破裙

▲ 使用披帛的整体造型
图片来源：装束复原团队

▲ ⑥ 披帛

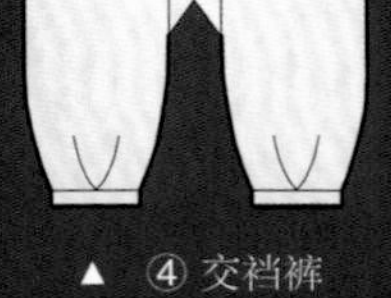

▲ ④ 交裆裤

▲ 图 ①~⑥
服装分解图
徐央、龚如心绘
模特：李一凡

场景五　天气好，出门骑马踏青

仲夏时节，站在河南登封的周公测景台上低头一看，影子缩得短短的。不过，天气再热也挡不住王公贵族们出游的热情。淑女名媛带着一大群人浩浩荡荡地出门，前呼后拥，好不威风。有牵马的，有打扇的，有端着香炉、拿着手帕的，也有撑着布障在前面开路的。被簇拥在正中的女子穿着宽裙头的齐胸衫裙，头戴花钿和簪钗，化着时下最流行的面妆，高高兴兴地骑着马儿。身边的仆从有穿着圆领衫的，也有穿着裙衫的，一时间柳绿花红，满园喧嚣。

一、裙带日渐隐身的齐胸长裙

唐代女子装束中最出名的当属“齐胸长裙”。裙子本身由裙身、裙头和裙带组成，最大的特色是裙子围系的位置很高，裙头压在胸口，把整个胸部都包裹覆盖住，长度到脚踝，甚至曳地。没有“细腰”，没有“腰胯”，甚至盛唐陶俑的整个廓形是纺锤形的。由于齐胸裙裙头正好处于视线焦点，于是成了装饰的重点区域。随着裙身剪裁方式的变化，裙带似乎也跟着从裙头视觉中心区域“消失”了。

初唐时期，齐胸长裙的裙身一般是间色多破裙，裙头往往缠绕、围系着长长的裙带，既起到固定作用，又起到装饰作用。从唐贞观十三年（639）杨温墓壁画中的侍女形象可以看出，齐胸长裙的裙头比较细窄，正中系着下垂的长裙带，甚至还用不同颜色突出强调。再仔细看，裙带的线条似乎比较松弛，更像是裙头处的装饰物。

◄ 缠绕着长裙带的齐胸长裙
陕西咸阳礼泉县唐贞观十三年（639）杨温墓出土壁画局部，陕西昭陵博物馆藏

初唐永徽二年（651）段简璧墓壁画中，女性所穿齐胸长裙的裙头已经加宽，裙头素净无纹，而裙身则是较为细密的间色多破裙，裙头和裙身之间系着整整齐齐的裙带，有的还垂着单耳结。及至龙朔三年（663）新城长公主墓出土壁画显示，女性的长裙上，有的正中垂着长长的裙带，有的裙带则完全隐藏起来。麟德二年（665）李震墓出土的壁画则展现出一幕幕生动的场景，随着侍女们轻盈曼妙的步履，裙带翻飞，摇曳生姿。

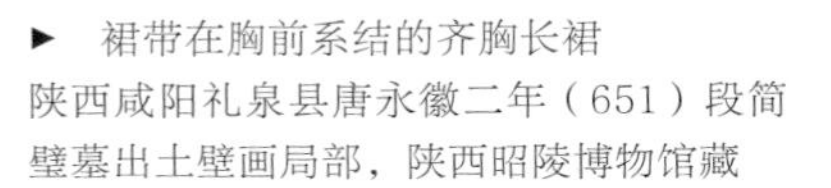

► 裙带在胸前系结的齐胸长裙
陕西咸阳礼泉县唐永徽二年（651）段简璧墓出土壁画局部，陕西昭陵博物馆藏

唐前期，依然延续着用长裙带装饰的传统，裙身不再是细密的间色裙，逐渐向同色的多破裙转变。另外还有一个悄然发生的变化，就是女性更喜欢穿高腰长裙，搭配宽阔的披帛、精美的半袖和背子遮蔽裙头，裙带的装饰功能下降。如陕西省渭南市富平县出土的唐咸亨四年（673）房陵大长公主墓的壁画中，仕女们的披帛十分宽大，几乎成了披肩，缠绕在上半身，有的几乎挡住了胸腹，也基本上看不到对裙子系带的刻画。又如唐神龙二年（706）乾陵章怀太子墓出土的壁画中，女子们将宽阔的布帛拢在胸前，仿佛裹着一件外套，把身躯遮挡得严严实实，自然也看不到裙带的细节。当然，同时也存在多种穿搭和款式，同样有长裙结缨的情况。如位于陕西省渭南市富平县的唐上元二年（675）李凤墓壁画中，有的女子穿搭如旧，依然露出正中细长的裙带，只是相对来说不如前期普遍。

◄ 垂落裙带的齐胸长裙
陕西渭南富平县唐上元二年（675）李凤墓出土壁画局部，陕西历史博物馆藏

◄ 披帛遮蔽了裙头和裙带
陕西咸阳乾县唐神龙二年（706）章怀太子墓出土壁画局部，陕西历史博物馆藏

盛唐到晚唐，齐胸长裙的裙头又露出来了。从那个时期的绘画、壁画作品可以看到，仕女们几乎都是穿百褶裙，整个体态较为丰腴饱满，有不刻画裙带的，也有略微画一笔系带在身侧垂落打结的。唐张萱《虢国夫人游春图》反映的是盛唐天宝年间的女性形象，她们穿的齐胸长裙的裙头约一掌宽，裙带一笔带过，并不突出；中唐时期的陕西西安王家坟唐安公主墓出土的壁画显示，裙带垂落在仕女的身体两侧；晚唐时期的陕西西安韩家湾唐墓壁画，反映当时女性所穿的齐胸长裙有着极为宽阔的裙头，身体两侧垂落的蝴蝶结饰件，有可能就是裙带的变形；而敦煌藏经洞出土的唐末绢画《引路菩萨图》中，贵妇的宽阔裙头则位置偏上，没有专门刻画系带。

▲ 覆盖胸部的齐胸长裙裙头
唐张萱《虢国夫人游春图》（宋摹本）局部

▲ 宽裙头齐胸长裙仕女形象
甘肃敦煌莫高窟藏经洞出土《引路菩萨图》局部，英国大英博物馆藏

虽然还不清楚裙带的装饰功能与剪裁有何关系，但是唐代女子的各种搭配程式，可以启发今天人们的穿戴风尚。

▲ ① 大袖对襟短衫

▲ ② 大袖对襟短衫

▲ ③ 宽裙头齐胸长裙

▲ 晚唐宽裙头齐胸长裙整体造型
图片来源：装束复原团队
模特：陈亚茹

▲ ④ 帔子

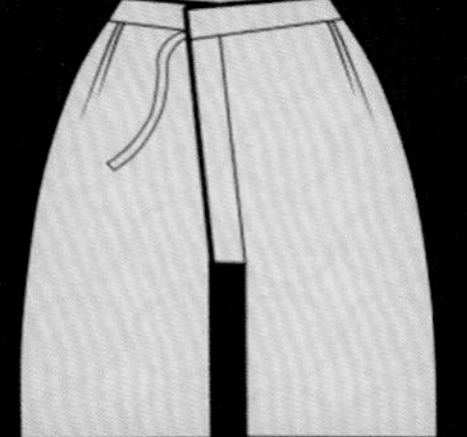

▲ ⑤ 交裆裤

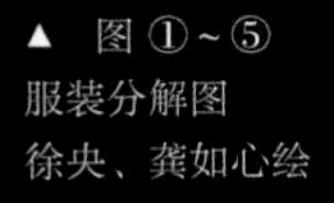

▲ 图 ①~⑤
服装分解图
徐央、龚如心绘

二、花瓣一样的抹胸与襜裙

五代王处直墓葬出土了一批彩绘浮雕石刻，其中仕女胸口处花瓣一般的造型，颇为精致。一开始人们以为是造型别致的裙头，后来不断对比新的出土文物，才逐渐认识到，原来这是晚唐到五代时期，女性流行外穿的抹胸。

简单地说，唐代的女性为了加强对内衣的遮蔽效果以及穿搭的层次感，一般会在胸腹部围裹上一件抹胸，胸口露出的部分往往装饰得很华丽，不仅造型别致，有的还蹙金绣、饰珍珠。把上衣掖在抹胸里面，然后再在最外面穿长裙或对襟外套，肩搭披帛，优美华丽。

▲ 五代花瓣状抹胸，搭配衫裙、披帛
河北保定五代王处直墓出土浮雕局部

► 花瓣状抹胸穿搭层次示意图 徐央绘
里面穿：对襟窄袖上衣、宽大长裤、花瓣状抹胸

▲ 花瓣状抹胸穿搭层次示意图 徐央绘
外面穿：半袖、长裙，搭配披帛

历史上的大部分时间，作为内衣的抹胸基本上不会露出来，直到晚唐，抹胸才开始外露且极尽装饰，并对后来的宋代穿搭程式产生深远影响。外露的抹胸上承隋唐以来的齐胸长裙，下启宋代褙子抹胸长裙套装，尽管只是一个很小的穿搭层次上的变化，却体现了汉服一脉相承的特点。

除了上半身的装饰，下半身同样不能忽视。在一些五代时期的画作、塑像中，往往可以看到裙子正面的下方，露出裁剪得如同花瓣般的“裙片”，有点像以前的蔽膝，这是襜（chān）裙。襜裙近似围裙，分成前后两片或者三片围系于下裳，用来增加穿搭层次。

正如诗中所吟“美人如花隔云端”（唐李白《长相思三首·其一》），抹胸和襜裙是不同的服装组成部分，但是不约而同都裁出了花朵的样式，尽显女性的柔美气质。

◄ 花瓣状襜裙示意图
根据唐周昉《簪花仕女图》描摹，徐央绘

三、争议中热销的“诃子裙”

如今有一种叫“诃（hē）子裙”的裙装也很流行，里面穿抹胸长裙，外面披大袖薄纱。从外观看，与传为唐周昉所作《簪花仕女图》中的形象十分相似，满足了人们对盛唐的想象。但这种款式的裙装在古代服饰史研究者看来是不符合历史实际的，是唐朝时期并不存在的款式。那么，诃子裙到底是什么？

诃子本是一味药材。较早将其与服饰关联的是一则野史逸闻：“贵妃日与禄山嬉游，一日醉舞，无礼尤甚，引手抓伤妃胸乳间，妃泣曰：‘吾私汝之过也。’虑帝见痕，以金为诃子遮之，后宫中皆效焉。”（宋祝穆《古今事文类聚》）该条目名为“金诃子”而非“诃子”，更非“诃子裙”，可能表达的是项链的串珠形态类似药材诃子风干后的金黄色果实，戴在胸口做装饰，遮掩胸部伤口。后世在流传过程中又以讹传讹，衍生出内衣的含义。

“诃子裙”是现代人在传统基础上的再设计。从五代墓葬壁画到辽代塑像，我们能看到很多女子穿着弧形的抹胸配长裙，外加一件对襟直领长衫的形象。根据琥璟明的研究，因为古代没有钢托胸衣，胸部呈自然下垂状，所以女子倾向于把齐胸裙、高腰裙的裙头压在胸上，原先细窄的裙头就演变成宽阔而有造型的裙头。而现代的“诃子裙”是将裙头继续扩大，裙头与裙身的接缝处下移到腰部，齐胸裙变成了抹胸裙。可以实现这样的转变是因为“诃子裙”搭配的是钢托胸衣，是现代技术和审美的产物。

今天，我们看到的诸如大朵牡丹、云鬓高髻、抹胸长裙、瑰丽妆容等“唐风”元素，实际是设计师用从历史文物中提取出的典型元素整合出来的形象，并非真实的唐朝服饰，却形成了今天人们对大唐的印象。这种印象，反映的是人们对过去的集体记忆，而非真实的考古事实。真实的考古事实反映的也仅仅是实际历史的一部分，大量的是经历代代传承演变而建构起来的集体记忆。

► 现代出现的抹胸裙（俗称诃子裙）
妆发 / 摄影：徐向珍，模特：喝大碗，头饰：暮云阁，服装：沉香画舫传统服饰

场景六　让野餐聚会更加风雅的裙幄宴

年轻人刚忙完三月三的曲水流觞，夏季的微风中，裙幄宴的邀约又接踵而至，他们相约城外的树林，共享青春的欢乐时光。仕女们三三两两聚集在一起，个个锦衣大袖、环佩叮当，打扮得五彩照人。宴会开始之前，她们解下围在胸口的长裙，互相传递嬉戏，以草地为席，四面插上竹竿，将一条条五光十色的裙子连缀起来，围成一圈，形成绚丽的帷幕。有人在其间攀枝插柳，斗花比草；有人行令猜谜，吟诗作对。一时间，壶倾簪斜，玉碗金樽、筹码象箸遍地，嬉戏中“酒污衣裳从客笑，醉饶言语觅花知”（唐张籍《寒食看花》）。

一、特殊的帷幕材料：百褶裙

风雅的裙幄宴上，最有意思的就是做帷幕的材料，也就是穿在身上的百褶裙、千褶裙。选择用裙子做帷幕，归根结底是由它们特殊的剪裁方式决定的。百褶裙跟多破裙的剪裁不同，它是由全幅的布料拼接再打褶裥而成的，从整体来看，跟帷幕很相似，所以才被人们用来做裙幄宴的道具。

文献资料上的百褶裙、千褶裙等名词是一种泛指，表示褶裥很多的意思。唐开元年间，有一个女子想念自己的姐妹，提笔画了一幅自画像，并且在画像的一侧写道：“九娘语：四姊，儿初学画。四姊忆念儿，即看。”（画像及文字见瑞典斯德哥尔摩国家人种学博物馆藏《仕女图》）画像中的女子侧身而立，典雅娴静，梳堕髻，穿着宽袖衫子和细细褶裥的黄色百褶裙，披着白披帛，与无数开元年间的陶俑造型如出一辙，相互印证了真实性。

► 穿百褶裙的仕女
图片引自张弓.瑞典藏唐纸本水墨淡彩《仕女图》初探[J].文物，2003（07）:85-91.

不仅在盛唐，到了中晚唐，百褶裙依然普遍流行。陕西扶风法门寺地宫出土的一条泥银彩绘罗裙，就是由六幅不斜裁（也就是整幅）的裙片拼接在一起，然后在裙腰处打裙褶制成的。

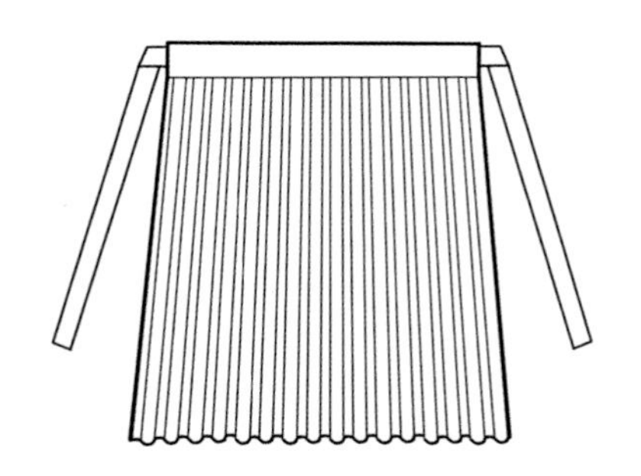

▲　法门寺地宫出土百褶裙结构图
根据法门寺地宫 T68 号包裹出土的泥银菱纹罗织金腰裙摹绘，徐央绘

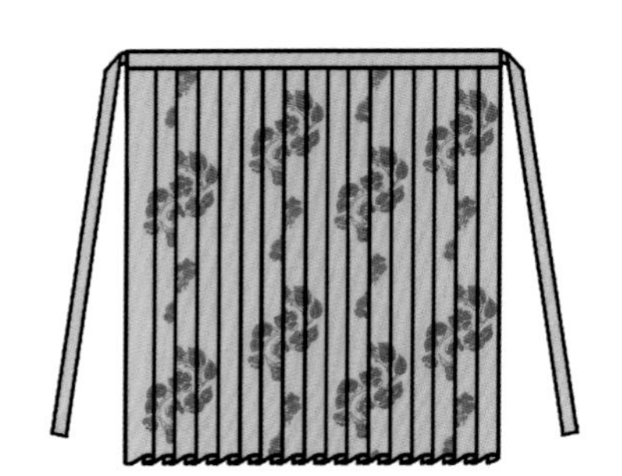

▲　整幅拼接百褶裙效果图
根据日本正仓院藏裙子样式摹绘，纹样参考花叶纹，徐央、木月绘

根据考古报告和现代学者宋馨的论文，对这条整幅正裁直缝打褶（俗称方布打褶）的裙子表层形制做推测考证，以还原裙子的排料、剪裁、缝纫方式及外观廓形。推算如下：6 幅长 132 厘米、幅宽 50 厘米的布，6 幅裁片合计宽 300 厘米，直接缝合成裙身，减去缝份 12 厘米，净宽 288 厘米（摆围 288 厘米），再减去腰围 104 厘米，余 184 厘米为褶子的量，按 16 个褶子分布，平均每个褶子宽 11.5 厘米。根据报告图片分析，褶裥工艺应该是合抱褶（工字褶），也可以采用顺褶方式打褶。裙带长 130 厘米、宽 5.5 厘米，褶裙外观廓形腰摆比约为 1 ： 2.8（本段由汉流莲考证编撰）。

将整幅布料拼接之后再打褶，摊开摆放时呈现出扇形的样子，但是提起时呈现的是帷幕状态的矩形。穿上身后，显得整个人更加稳重、丰腴。

同前述的泥银裙一样，本书效果图尽量按照考古报告中提供的花纹进行推测绘制，但是由于史料缺失，统一绘制成浅绛色。

◄　法门寺地宫出土百褶裙复原效果图
根据地宫考古报告摹绘，徐央、龚如心绘

这种将整幅布料拼接后再打褶的做法，对宋朝的百褶裙、明朝的马面裙都有着深远的影响。它们都是整幅布料拼接、再打褶裥，加上裙头和裙带，均为围合式的裙子。

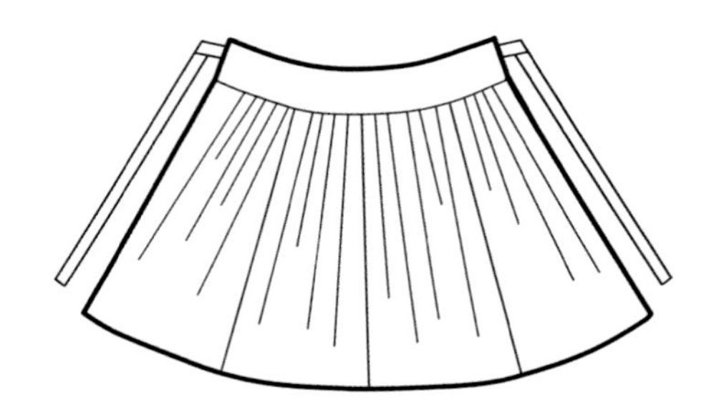

▲　宋朝百褶裙结构图
根据福建福州南宋淳祐三年（1243）黄昇墓出土的褐色罗印花褶裥裙摹绘，徐央绘

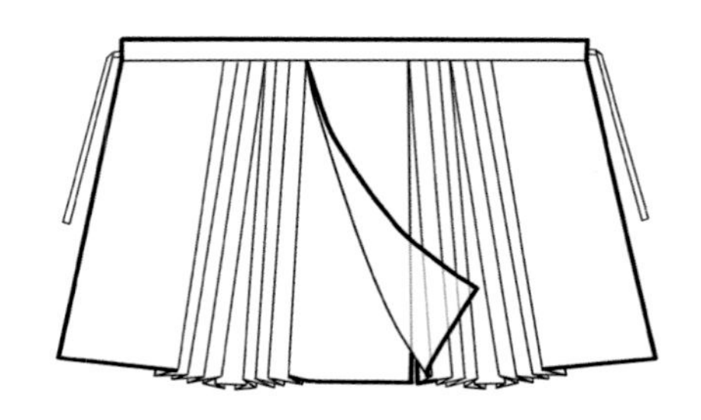

▲　明朝马面裙结构图
根据黄地曲水万字纹织金暗花绸马面裙摹绘，徐央绘

往日，我们总是在“瑟瑟罗裙金缕腰，黛眉隈破未重描”（五代和凝《杨柳枝》）、“谁人与脱青罗帔，看吐高花万万层”（唐韩愈《游城南十六首 · 楸树二首》）中想象古人的美貌与风流，今日，我们拾起“叶动罗帷飏，花映绣裳鲜”（唐许敬宗《奉和秋日即目应制》）的衣衫，与古人共享数千年的历史记忆。

二、增加优雅感的大袖子

与百褶裙搭配的上衣多种多样，其中颇受欢迎的是大袖衫。我们在描述汉服袖子时，一般用词都是窄袖、宽袖、大袖、广袖等。窄袖的袖口约一拳宽，宽袖的袖口约两到三拳宽，大袖、广袖袖口的宽度一般可以达到或者超过半身长。

在现代，尽管有很多人抱怨大袖子不方便，可依旧挡不住女孩子们热情高涨地涌向大袖子的“怀抱”。毕竟，没有人能拒绝“仿佛兮若轻云之蔽月，飘摇兮若流风之回雪”（东汉曹植《洛神赋》）的美貌。如果想增加优雅感，穿着大袖子的汉服，是个不错的选择。从比例来说，大袖子很匹配隆重的盛装，因为越是复杂的造型越需要大袖子来压住气场。唐代日常服饰几乎都是比较窄的袖口，但是涉及礼服或华丽的装扮时，大多数人都会选择广袖。值得注意的是，除了宽博的大袖，通袖长度也达到 2 米以上（回肘程度，即袖子到指尖反折回来还能到肘部的程度）。这说明在增加袖口宽度的时候需要增加袖子的长度，否则双手下垂时，袖子过短则有可能会露出袖子里布。

讲了袖口的宽度和长度，再来看看袖根的宽度。袖根的宽度与袖子的长度在正常情况下是相匹配的，袖根越宽，袖子也越长。但是也有袖根狭窄而袖子宽长的，如下图（右）中舞女俑的装束。

▲ 穿大袖衫的女子形象
甘肃敦煌莫高窟第 144 窟晚唐壁画局部

► 唐彩绘杂裾宽袖舞女俑
徐央绘

第三章

唐朝男人的潮流单品

场景七　马球场上尽显风姿

郊外一处马球场呼声震天，原来是贵族男子们正在进行一场激烈的马球赛。他们骑着“騄骥”“紫骆”等骏马，青丝系扎马尾，黄金络笼马头，挥舞着彩绘月杖，东西驱突，争相击球入门拔得头筹。球员们头戴幞头，穿着缺胯袍衫，腰缠蹀躞带，脚蹬乌皮靴，伴随着慷慨激昂的鼓乐狂奔，对抗赛的激烈程度不亚于小型战场。

仔细看，唐朝的马球场跟今天的足球场有颇多相似之处：第一是都很宽敞，马球场大至千步，这才能骑着骏马在里面驰骋；第二是地面很平整，方便骑马跑动；第三是马球场外围的短墙边竖起红旗，让人莫名联想起现在的广告牌。

◀ 马球赛场景
陕西咸阳乾县唐神龙二年（706）章怀太子墓出土壁画局部

一、袹首：幞头上的一抹红色

从大量的古代画像来看，男子的首服以黑色为主。高官戴的冠上有可能有金玉装饰，出现金黄色、碧色等颜色，幞头则极少看到黑色以外的色彩。不过平民、武士等阶层，还可以在幞头之外再包裹一层红色的头巾，称作袹（mò）首，既能更加牢固地扎紧幞头，又具有标志性。《资治通鉴》卷二百一十五记载，“陕尉崔成甫着锦半臂，缺胯绿衫以裼之，红袹首”。除了红色，还有白色的袹首。

◀ 头戴红色袹首的武士形象
陕西咸阳乾县唐神龙二年（706）
章怀太子墓出土壁画局部

二、万能的通用基础款——圆领缺胯袍（衫）

华夏的汉服体系历经了数千年发展，如同一棵根深叶茂的大树，在大唐的时空里，生长得更加茂盛，发展出圆领袍衫这根新的枝丫。圆领袍衫是个大类，按照开衩与否，还可分为襕袍（衫）和缺胯袍（衫）两种。唐顾况《公子行》云：“轻薄儿，面如玉，紫陌春风缠马足。双蹬悬金缕鹘飞，长衫刺雪生犀束。”从魏徵到李泌，从李白到杜甫，他们穿着缺胯袍衫，恣意潇洒，撑起了半个大唐的形象。

圆领缺胯袍（衫）是唐代比较常见和流行的一种外衣，它的特点是圆领交襟、两侧开衩、上下通裁、不加襕。这些元素在以前的朝代均已存在，但是将它们合并在一起，却是南北朝到隋唐时期的各民族共同实践的结果。汉服体系吸收了多元文化的元素，逐步形成了新的款式，极大地丰富了其体系内涵。

所谓“缺胯”就是衣服两侧开衩，从剪裁角度来说，就是前衣身衣片和后衣身衣片靠近下摆的部分不缝合，这样能增加下肢活动幅度，走动时会露出里层的衣物。根据不同风格、不同场景，开衩有高有低，甚至有的还在开衩的止口处装饰花纹。

► 唐前期身穿圆领缺胯袍、头戴袹首的武士造型　徐央绘

▲ 圆领缺胯袍结构透视图　徐央绘

▲ 圆领缺胯袍效果图　徐央、龚如心绘

内外襟完全对称的圆领袍能够翻领穿，契合了汉服体系“二次成型”的特点，即剪裁平铺是一种款式，穿上身之后又是一种款式。

同样是圆领袍，缺胯袍（衫）的礼仪等级要低于襕袍（衫），这是由服饰的文化内涵决定的。襕衫、襕袍等下面加“襕”的做法，被当时人赋予“传统文化”的意义：在深衣制的传统服饰文化背景下，两侧不开衩以及底部加襕，被认为是对传统服饰元素的复现。这种“官方”运用传统服饰文化意象来进行思想观念建构的行为，可以看作是一种“文化自觉”，或者说是刚需。如果能够从历史资源找到形式上的支撑是最好的，那样能实现形式与内容的统一；如果形式和内容不能统一，就只能在一些文化符号上附会。

▲ 圆领缺胯袍翻领穿侧面示意图
图片来源：彰汉堂
模特：伍柒
摄影：彰汉堂

三、蹀躞带：唐朝男人的“瑞士军刀”

在唐代，不仅女性的随身物品多，男性的算袋、刀子、砺石、契苾（bì）真、哕厥、针筒、火石袋等七零八碎的小东西也挺多，揣进怀里好像也不太方便，怎么办呢？古人发明出一种多功能腰带——蹀躞带，可以把杂物悬挂其上，就像货郎的担子一样。

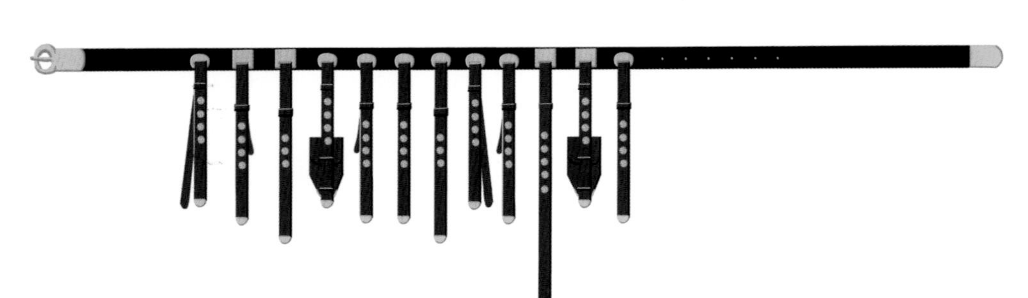

▲ 蹀躞带展开图 徐央绘

蹀躞带的穿戴位置靠下，更有大腹便便的加成效果。男子最初佩戴蹀躞带的目的多半是军事用途，后来这种穿戴风格传入民间，不但男子，就连女子也跟着穿缺胯服，戴蹀躞带。

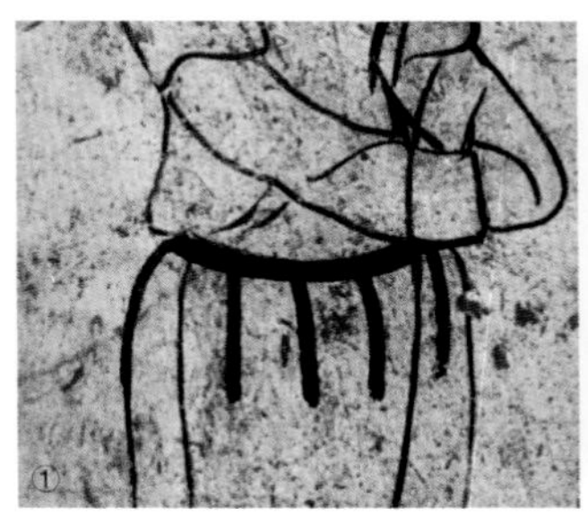

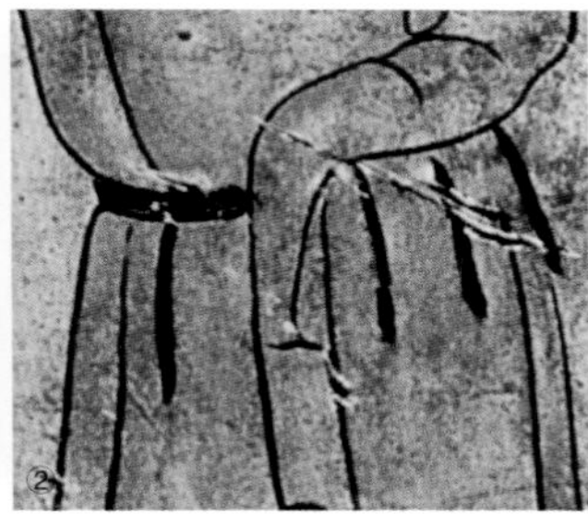

◄ 蹀躞带的历史形象
① 陕西咸阳礼泉县唐咸亨三年（672）燕妃墓出土壁画局部
② 陕西咸阳礼泉县唐永淳二年（683）安元寿墓出土《驻杖给使图》局部

场景八　肃肃仪仗里，风生鹰隼姿

城郭之外，开阔之地，数百人浩浩荡荡，文武官员并行。有步行卫队，也有骑马卫队，分列两侧，马车隆隆、刀剑铿铿，仪仗队里每个人都身材高大、膀大腰圆。他们有的头戴幞头，里面穿着交领的半臂，外面穿着圆领缺胯袍；有的头戴平巾帻，身穿交领裤褶服，外套裲裆，脚蹬长靴。军容侍从高高擎举装饰着孔雀翎羽的雉尾障扇，凸显皇家威严气派。

一、圆领与交领和谐并存

1979 年，在山西太原南郊王郭村北齐武平元年（570）娄睿墓出土的壁画《出行图》中，有的骑士穿着圆领袍衫，有的骑士里面穿着圆领、外面穿着交领。2000 年，在山西太原王家峰村北齐武平二年（571）徐显秀墓出土的壁画《仪仗图》中，更展示了里面穿圆领、外面穿不开衩交领长袍的人物形象。陕西咸阳懿德太子墓出土壁画的前排人穿着圆领襕袍，搭配软裹幞头，后面一排人穿着交领的裤褶服，搭配平巾帻。这些都显示了当时交领和圆领并存，只是分别用于不同的场合和身份。甘肃武威慕容智墓也出土了多款实物，有圆领和交领的袍衫、有交领的半袖和半臂，穿着人群覆盖男女老幼。甘肃敦煌莫高窟第 45 窟南壁壁画显示，盛唐时期有人穿交领半臂，也有人穿圆领袍，二者并行不悖。

从结构上来讲，圆领袍衫的突出特征是圆领交襟，与交领同属于中轴对称、内外衽交叠闭合、系带固定的结构，也可以说交领与圆领是主干和支干的关系。

▲ 圆领袍示意图　徐央绘

▲ 交领袍示意图　徐央绘

二、圆领袍衫的源头之一 —— 汉魏的曲领袍

唐代的圆领袍一般都是完全对称的交襟结构，但在甘肃武威慕容智墓中还发现有一种介于交领与圆领之间的款式，很有可能是圆领袍演变过程中的过渡款式，不过还有待更多资料的证实。

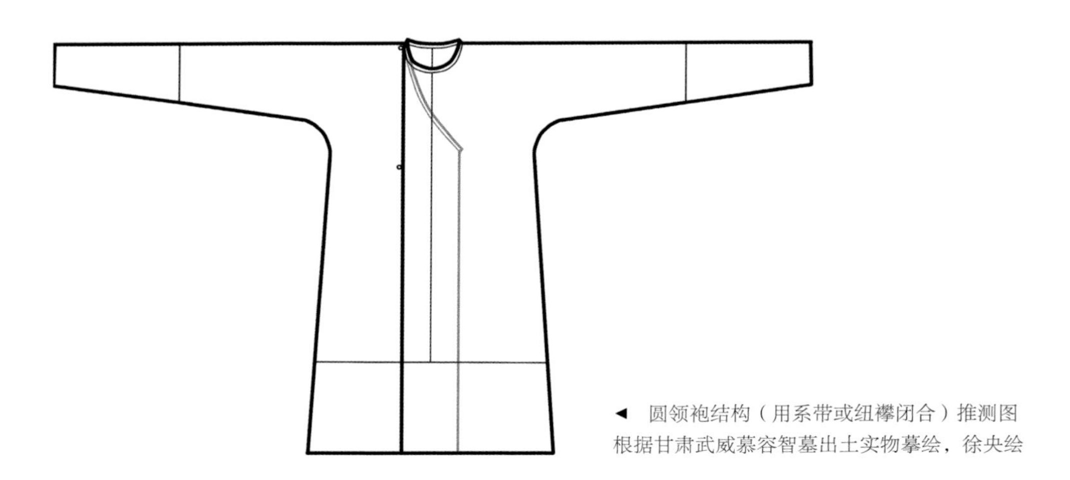

◄ 圆领袍结构（用系带或纽襻闭合）推测图
根据甘肃武威慕容智墓出土实物摹绘，徐央绘

这种袍的内襟呈倾斜的交领状，外襟为圆领，用纽襻闭合，内襟与左侧连接，双侧受力。看到这里，让人想起战国、东汉魏晋时期的曲领袍，只不过该款式的领襟方向与慕容智墓的这款圆领袍正好相反。

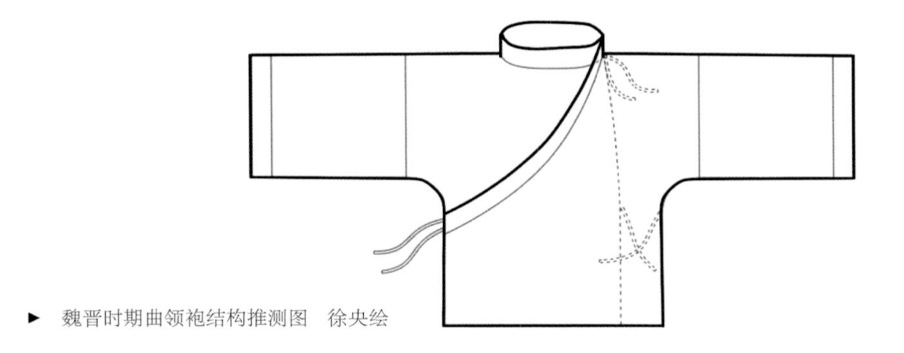

▶ 魏晋时期曲领袍结构推测图　徐央绘

三、各地客商所穿的圆领衣

唐朝的长安是世界性的大都市，华夏先民见过大世面。熙熙攘攘的长安坊市，云集了天下客商。这里有波斯人、粟特人、于阗人、回鹘（回纥）人、拂菻人、龟兹人，他们牵着骆驼，带着奇珍，说着不同的语言，纷至沓来。番客衣着各具特色，远远望去，令人眼花缭乱。波斯人穿着圆领套头衫，粟特人穿着翻领袍，鲜卑人穿着对襟长袍……各有特色，极富风情。仔细看去，圆领衣也有很多种类，分属于不同的文化体系。大唐的圆领袍、衫因受到商贸交流的影响而改变着款式，体现出华夏先民兼容并蓄的文化内涵。

“胡人”是一个十分宽泛的、笼统的词汇，在古代文献里，“胡人”指代的对象多达数十种族群，不能一概而论。“胡服”也是一种泛称，五花八门、复杂至极，不能含混地放在一起讲。“圆领”本身是指领襟部分呈现出来的形状，而不是指整个衣服款式，还有很多不是交襟结构的圆领款式。

（一）圆领套头衫

圆领套头的结构比较简单，在世界上诸多地区都有创造和使用。比如波斯萨珊王朝的服饰特点，早在魏晋时期就被记录下来。《魏书·西域传》中说波斯国：“其俗：丈夫剪发，戴白皮帽，贯头衫，两厢近下开之。”

波斯与大唐颇有渊源，长安的大街上时常能够看到穿着圆领套头衫的波斯人，其两臂、胸前与袖缘、衣摆皆镶有装饰条，腰间系着护套。

塔吉克斯坦片治肯特古城遗址出土的壁画显示，公元 7 世纪的粟特贵族男性也穿圆领套头的紧身袍，而且在两肩的肩缝、领口、袖口和衣摆处，都有联珠纹的纹锦装饰。

唐朝时期的丝绸之路繁荣兴盛，甚至影响到了万里之外的拜占庭帝国。唐朝人在典籍中称其为“拂菻”，记载了种种东西方交流的事迹。拜占庭服饰延续了罗马的传统，发展出非常多的款式，其中一种“达尔玛提卡”，便是一种领口挖洞的套头长衣。根据现代学者华梅在《西方服装史》中的叙述，公元8世纪时，拜占庭帝王赠送给当时的查理曼大帝一件达理曼蒂大法衣，其款式就是套头圆领的长袍。在大唐如果看到“男子剪发，披帔而内袒”（《旧唐书·拂菻传》）的人，可以推测他来自遥远的西方。

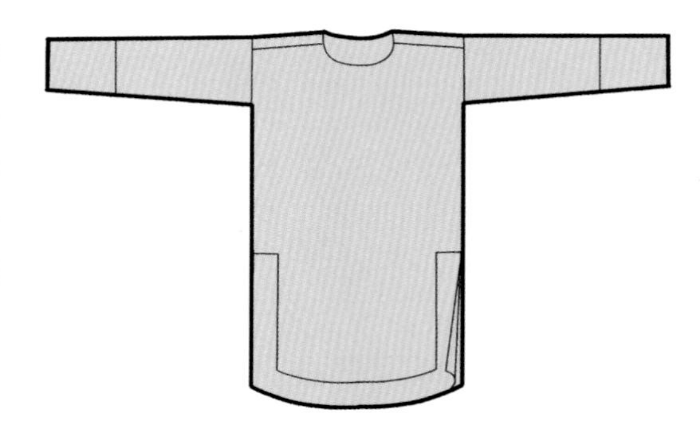

▲ 圆领套头衫结构透视图
徐央、木月绘

（二）半袖圆领衫

既然有长袖的圆领套头衫，自然也有半袖的。至少在魏晋时期，就已经出现了半袖款的踪迹。比如2007年在甘肃张掖地埂坡墓群4号墓出土的魏晋时期壁画中，有人像穿的便是白色的圆领半袖套头衫。

到了隋朝，粟特人在此基础上增加了不少装饰。比如山西博物院收藏的虞弘墓石椁上的彩绘浮雕人物形象，其上衣便是半袖圆领套头衫，露出花瓣状的打褶下摆。

虞弘墓出土文物中，还有一些造型比较有意思，如右下图中的这两个人像上身疑似穿着圆领半袖套头衫，露出贴身长袖里衣，胳膊上挽着丝带；下身穿着镶嵌宽缘边的短裙，最里面穿裤子，脚穿靴子。

▲ 粟特文化中袖口和下摆有装饰的半袖圆领套头衫 山西太原虞弘墓石椁彩绘浮雕局部，山西博物院藏

► 粟特文化中独特的服饰造型
山西太原虞弘墓石椁彩绘浮雕局部，山西博物院藏

无独有偶，在新疆库车苏巴什佛寺遗址出土的 7 世纪彩绘舍利盒的图像中，也发现了类似的服饰款式。彩绘上两人的上衣，最外层是圆领的紧身套头衫，半袖的袖口打了一圈黄色褶子花边，下摆则缝合尖角锯齿的装饰，呈放射状。

▲　独特的服饰造型
日本大谷光瑞探险队在新疆库车苏巴什佛寺盗取的舍利盒图案局部，日本东京国立博物馆藏

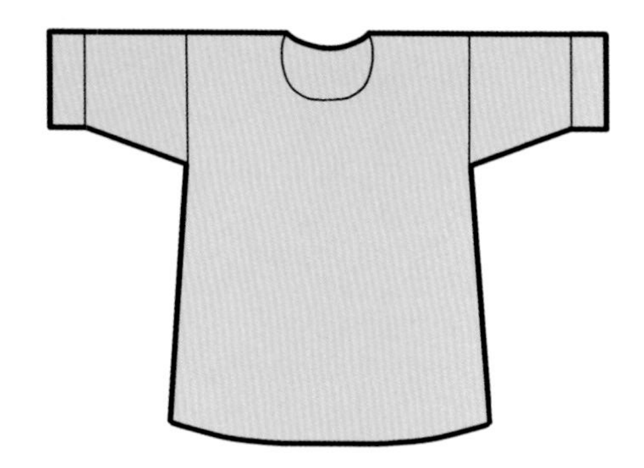

▲　圆领半袖套头衫结构透视图
徐央、木月绘

（三）圆领对襟袍

在云集的客商中，还有一种非常常见的带圆领元素的袍服，那就是“圆领对襟”，其突出的特征是衣服胸腹部中间镶嵌着长长的装饰锦条。

▲　带锦条的圆领对襟衣
塔吉克斯坦片治肯特遗址壁画局部
俄罗斯冬宫博物馆藏

在我国，类似的服装特征可以追溯到南北朝时期。内蒙古出土过一件北魏皮衣，其结构是圆领对襟，前襟没有续衽。甘肃敦煌莫高窟第 285 窟里有一段西魏时期的壁画，画出了被扔在地上的外套，可以明显看出，外套是领口处加系带的圆领对襟长袍，前襟没有续衽。

除此之外，陕西西安的北周史君墓出土的石椁，其椁身上的浮雕图案显示人们穿着的是圆领对襟衣，而且前襟还有很明显的镶嵌的装饰条纹，与上文中敦煌壁画展示的服装款式非常相似。

▲ 西魏时期圆领对襟袍形象
甘肃敦煌莫高窟第 285 窟西魏壁画局部

▲ 北周时期圆领对襟袍形象
陕西西安北周史君墓石椁局部，西安博物院藏

此外，陕西西安的北周安伽墓出土的石榻屏风上的人物形象也有类似的服饰，穿的是可翻领的圆领对襟袍，前侧正中有装饰条，腰带系扎。

无论是鲜卑文化还是粟特文化，都存在前开襟不续衽的圆领对襟长衣样式，两侧未开衩，前侧正中间往往装饰着长长的锦条，或系带，或束腰，极具特色。

▲ 圆领对襟袍结构透视图 徐央、木月绘

（四）单翻领

除了以上介绍的几种款式，还有把圆领对襟穿成单翻领的款式。新疆克孜尔石窟第 8 窟右甬道外侧壁壁画上的龟兹供养人和第 104 窟甬道南外壁壁画上的供养人，都身穿单翻领的对襟长袍。这种长袍结构颇具特色，廓形很像今天的风衣。新疆库车苏巴什佛寺遗址出土的 7 世纪彩绘舍利盒上的图像，现藏于德国科隆东亚艺术博物馆的河南安阳出土北齐对阙型石棺床上刻画的图像，以及乌兹别克斯坦出土

▲ 穿单翻领对襟长袍的人物形象
新疆克孜尔石窟第 8 窟右甬道外侧壁壁画局部，德国柏林亚洲艺术博物馆藏

的若干纳骨瓮外壁上刻画的人物形象，均表现出单翻领对襟长袍的服装结构。单翻领是粟特服饰的特征之一，一些隋唐时期的少数民族陶俑中有类似的服饰造型，可以推测其流行程度。

► 单翻领对襟长袍结构图
徐央、木月绘

（五）双翻领

既然有单翻领，那么自然也有双翻领。乌兹别克斯坦撒马尔罕古城遗址的大使厅里，西墙上的 7 世纪壁画部分显示了双翻领的对襟长袍款式形象，新疆克孜尔石窟第 198 窟左甬道内侧壁壁画上的人物也穿着双翻领的对襟长袍。整体来看，这类长袍与北魏的对襟圆领长袍类似，主要区别在于领子的设计。

从装饰风格来说，这类服饰很重视对襟边的缘饰，常常在身前装饰一条长长的锦条。

▲ 穿双翻领对襟长袍的人物形象
新疆克孜尔石窟第 198 窟左甬道内侧壁壁画局部，德国柏林亚洲艺术博物馆藏

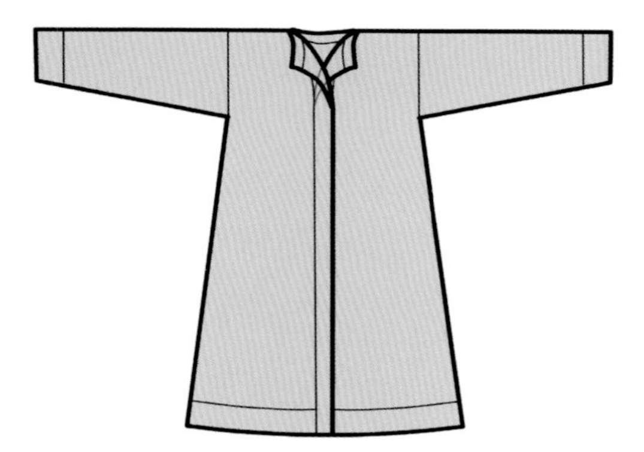

▲ 圆领对襟双翻领长袍结构透视图
图片根据新疆龟兹研究院研究馆员赵莉在“一席”上发表的文章绘制，徐央、木月绘

除了以上这些比较常见的结构，还有前后翻折下垂、圆领左衽、大翻领等款式。通过以上粗略介绍，我们看到了古代人民创造的璀璨斑斓的服饰文化，每一种都有着独特的艺术价值，令人惊叹。

古代各地区、各族群的服饰文化千姿百态，丰富多彩。特别是公元 7—10 世纪起始自长安的丝绸之路沿线地区的服饰文化极为丰富，难以介绍详尽，充分体现了大唐开放包容、天下辐辏的万千气象。

场景九 丹青画手引领的潮流——放量越来越大

虽然市面上已经出现了雕版印刷的佛经，但是画师依然是可谋生的行当，师傅和学徒，一代接一代地传承着古老的技艺。一处院子里面，堆积着各色颜料的原石，尚待磨制；排列整齐的架子上，挂着临摹之作和粉本，有十八学士的画像，也有裴晋公诸人的模样……祖传三代的丹青画师，在下笔之前，不由自主地想起自己祖父、父亲传下来的教诲：画贞观年间人像时，裹幞头，公服极窄；画开元天宝年间诸人时，则放量加大，褶皱加多；画咸通年间人物时，则衣服要加阔加大，变得更加褒博。

一、从初唐到唐末，变换不停的时尚潮流

服饰的有趣之处在于，即便是完全相同的款式，也可以通过花色、面料和穿搭的不同创造出花样繁多、风格迥异的造型来。时尚潮流可不是今天的专利，就拿百搭单品圆领缺胯袍来说，它也是“百变星君”。初唐、盛唐、晚唐，三个时期的款式、风格迥异，仿佛同一片树叶在春风和秋雨中呈现出不同姿态和色彩。

初唐时，圆领缺胯袍领口一般不露出里面衣服的领子，后来才逐渐露出。初唐时的开衩较低，后期逐渐升高，露出里面内层衣物的下摆。初唐时，放量较小，后期逐渐加大，袍服变得宽松。这个变化也与面料的流行有关，初唐时多用锦制袍，锦质地较硬，放量小，较为紧窄贴身；盛唐及后期更流行绫罗等较柔软的面料，可以做到大放量，更加宽大舒适。初唐时，衣长一般到小腿，后来衣长越来越长，盛唐时长至脚背，到了晚唐五代，甚至还出现了衣服后片拖地的款式。衣长加长的同时，袖子也向宽大的方向发展，在很多人物壁画、陶俑上都能看到袖子层层堆叠的褶皱，展现着优容洒脱的审美意趣。

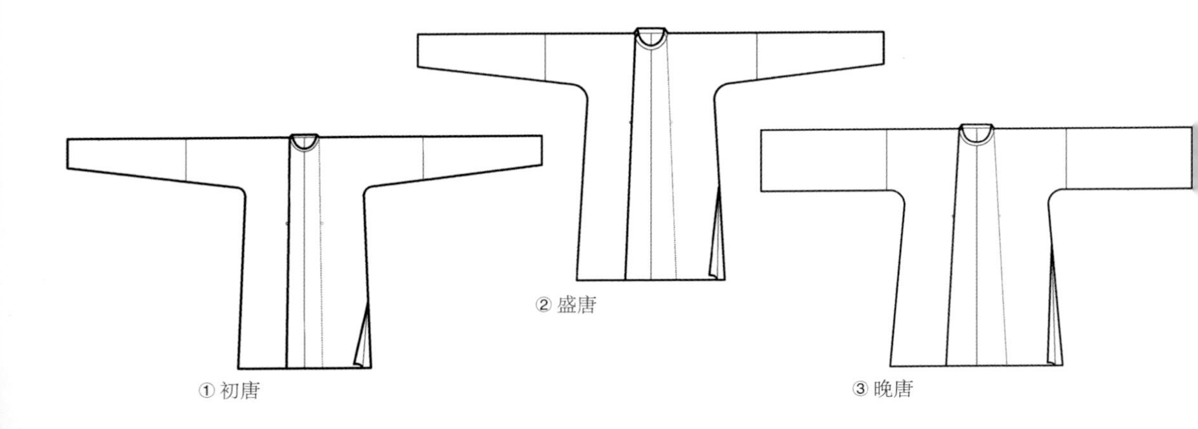

▲ ①～③初唐到晚唐圆领缺胯袍（衫）结构透视图 空心砚绘

▲　①～④ 初唐到晚唐圆领缺胯袍（衫）效果图　徐央绘

不仅服装在款式上不断变换，与初唐时期人们搭配的配饰相比，盛唐、中唐时期佩戴的饰品的变化，也会改变整体造型风格。比如幞头由软变硬，垂下的脚也变得像小翅膀一样；腰缠的革带由蹀躞带变为玉带等，都体现出了潮流风尚和人们生活习惯的转变。

二、从先秦到宋明，一脉相承的服饰结构

宋代时，以理学大家朱熹为代表的儒家学者认为圆领袍衫不符合儒家传统，进而将圆领袍衫排斥在华夏衣冠体系之外。

今天，我们排除宋明理学的干扰，单就服饰文化本身做研究。基于考古材料和文献记载，对服饰本身的发展源流进行考证，会发现无论华夏衣冠体系风格如何变化，其基本结构和闭合受力模式都没有改变。

三门峡西周虢仲墓出土的麻衣残片，马山一号楚墓出土的多件上下连属的袍服，秦朝的《制衣》简牍文献，西汉马王堆一号汉墓出土的若干曲裾和直裾袍，花海毕家滩前凉墓葬出土的上襦，唐代的各种圆领袍和半臂，还有宋明时期的出土实物，都让我们看到了华夏衣冠剪裁和结构的一脉相承。

在唐朝人看来，交领款类似于西装革履的“正装”，是一种在比较正式的场合穿戴的礼仪服饰，日常则穿圆领款。这个现象很常见，前代流行的便服到了后代成了传统服饰，礼仪性加强，与此同时又会有新的便服补位，成为流行款时装。

场景十　用米汤浆洗的内衣

河水潺潺，清清凉凉，女人们端着盆来到河边洗衣，反复在河水中漂洗和捶打，条件好一点的还会用皂角清洗。阿娘端着已经洗好的衣服回家后，便开始生火做饭，里里外外忙前忙后。淘米水没有倒掉，她趁着灶台还热腾腾时，便把淘米水放上灶，用小火煮开。没一会儿，淘米水煮开了，阿娘再把煮开的米浆水倒进洗好衣服的盆中。

又过了一会儿，阿娘将用米浆水浸泡过的圆领内衣捞出，用清水漂净，晾晒在院子里面。第二天，晾干之后，可以看到内衣变得干净洁白，还有挺括感。

收下晾干的内衣，阿娘拿回屋里，烧烫“金斗”（熨斗），加以熨烫。在高温的作用下，内衣一下子变得平整如新。她转身拿去给自己儿子穿上，层层穿戴之后，稍稍有点挺括的内衣领子从领口露出，呈现圆弧状，具有独特的气质，加上外面的衣袍，衬得整个人气宇轩昂。看着自己儿子，阿娘满意地笑了。

一、外面穿圆领、里面穿交领的穿衣范式

有人曾总结：汉晋的人把交领穿在外面、圆领穿在里面；隋唐则反过来，把交领穿在里面、圆领穿在外面。这说明隋唐时期，外套以圆领为主流，衬衣、内衣多以交领为主。从慕容智墓出土的实物看，外衣都是圆领锦缎的紫袍，而衬衣是交领半臂，汗衫则是交领开衩长衣。

而唐朝人的穿衣法则是随性而自然的，他们同样也会外穿交领长袍。这在唐代的《伏羲女娲图》中可见一斑，虽然是在刻画神灵，但穿着打扮却是世俗的反映。图中女装是袒领衫搭配间色裙，男装是开衩交领长袍，里面都是圆领内衣，这也反映了当地的一种穿衣习惯。

► 甘肃敦煌出土《伏羲女娲图》

陕西宝鸡法门寺地宫出土的晚唐鎏金人物画银香宝子显示，穿圆领衣裳的人与穿交领衣裳的人同处于一个场景中。河南省安阳市果品公司家属楼基建工地唐墓出土的晚唐壁画也显示，圆领袍、交领长衣和对襟裙衫并存，可见当时的人们是多种领型款式搭配穿着的。

▲ 交领与圆领并存的人物形象
唐鎏金人物画银香宝子，法门寺博物馆藏，王梓璇绘

二、像喇叭一样的领口

唐阎立本的《历代帝王图》中，领口部分总是露出一圈白色的内衣领子，据多人考证，这就是传说中的“方心曲领”。不仅阎立本的画，很多壁画、陶俑、线刻等资料，都有这样的服饰结构，有的覆盖了整个衣襟，有的只是在外衣领襟的遮掩下微微显露。涉及的服装造型有冕服、朝服、弁（biàn）服，也有普通女性的对襟衣裙，但总体特征都是像半截喇叭，是内衣的领型。

◀ 如喇叭般的领口
唐阎立本《历代帝王图》局部

理论上来讲，这种领型是圆领的一种变形，而且是交叠交襟圆领的变化形式。不过令人疑惑的是，丝、麻等都是比较柔软的面料，要怎样才能做出这种线条圆润且硬挺有形的领型呢？有人揣测是上浆，也就是浆洗，即将米汤加开水稀释，浸泡衣物，让里面的淀粉渗入衣服面料之中，漂洗晾干后就有一定的挺括感。在没有聚酯纤维作里衬的古代，浆洗是流传千年的常用方法。可是不管怎么浆洗，衣物面料毕竟是布，而不是塑料，怎么会那么硬挺？这也留下一个谜题：那些壁画上、卷轴上人物的领口造型是怎么实现的呢？这个谜题有待探索。

第四章

唐朝也有秋冬装

有人开玩笑说：如何复兴汉服呢？夏天就穿唐朝的衣服，冬天就穿明朝的衣服。从这句玩笑话中可以看出，唐朝的气候整体来说较为温暖。长安南郊的曲江池种有梅花，天宝年间，长安还能栽种柑橘并结出果实。根据史料信息，唐朝的永徽元年（650）、总章二年（669）和仪凤三年（678）的冬季，长安都没有冰雪。温暖湿润的气候环境，与身处小冰期的明朝的确有温度上的差异。但是，这并不代表唐朝就没有秋冬天了，更不代表唐朝人就不穿秋冬装了。

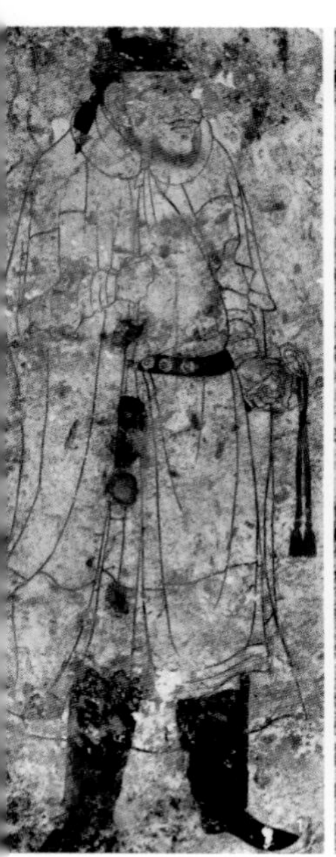

◂ 身着冬装的男子形象
① 陕西咸阳礼泉县唐贞观十七年（643）长乐公主墓出土壁画局部
② 陕西西安郭杜街道东祝村唐长寿三年（694）唐墓出土壁画局部
③ 陕西咸阳乾县唐神龙二年（706）章怀太子墓出土壁画局部

唐朝人不仅要穿冬装，而且那时的冬装还很厚实、很保暖、很时尚。大体来说，服装保暖需要三个条件：第一，款式选对，冬天总归不能穿袒领，或者穿半臂，得选个能把身体捂得严严实实的款式；第二，穿搭层次要多，绵夹裤、夹袄絮绵等里三层外三层地裹住身体，穿了外套还要再加披风；第三，选对面料，轻薄柔亮的薄纱肯定不合适，得用上皮、毛、裘革等材质。唐朝还没有大规模使用棉花，故而那时的秋冬天还是很难熬的。

唐 场景十一　寒冷冬日，也不耽误歌舞盛宴

重檐深庑、雕梁画栋的宫殿之内，暖炉温热，香风阵阵，锦衣玉食的达官贵人们在举行一场歌舞盛宴，欢声笑语，丝竹不断。尽管室外春寒料峭，但殿内却暖意融融，丝毫没有冰冷之意。主人和宾客身穿厚实精美的圆领锦袍，内里是厚厚的夹絮长袖袄子和夹絮的裤子，再加上殿内的炭炉香薰，众人喝着温酒，莫说寒冷，竟然还有点微微冒汗的感觉呢。舞姬退下之后，又来了一段参军戏，将宴会的热烈气氛推向了高潮。主人此时站起身来，开始邀约宾客们下场跳舞，欢快到了极点。正所谓“平阳歌舞新承宠，帘外春寒赐锦袍”（唐王昌龄《春宫曲》）。

一、襦：加厚并改制

前文讲了各种款式的衫子，在当时普遍穿着的还有襦和袄。如新疆吐鲁番阿斯塔那29号墓出土的唐咸亨三年（672）《新妇为阿公录在生功德疏》中记载，新妇为阿公布施的衣物有“紫绸绫袄子一锦褾”等。《唐六典·尚书刑部》中记录了奴婢衣物发放标准：“丁奴、官婢，冬给襦、复裤各一”“十岁已下，冬男、女各给布襦一”。这里所说的襦和袄指双层或絮里的上衣。

双层挂里的衣服很像今天的大衣，絮里的衣服则如同现在的棉袄、羽绒服，它们的保暖原理都是相同的。历史上，“襦”和“袄”都是多义的名词，流变很快、很广泛，无法用一个准确的词语来定义，只能说，在不同的语境里，有不同的用法。

襦在先秦时期就已出现，此时一般指保暖的上衣。襦有两种款式，一种是不加下部结构，一种是加下部结构。甘肃玉门花海毕家滩26号墓出土的魏晋时期前凉襦裙实物，明确展示了有腰襕的襦。且与先秦两汉时期的接下半部结构的襦情况不太一样。根据秦简《制衣》记载，襦的下半部分接的是交窬裁的“裙”，襦的整体为顺纱向；隋唐时出现了接襕

部分逆纱向的做法。接襕是横布裁，减少缝纫人工，与之前的交窬裁不同，呈现出的效果和廓形也不一样，属于不同的形制。此外，“襦裙”的词义在唐代也发生了一定的变化，文献中有写作“裙襦”的。穿着方式是裙掩衣，导致襦的下半部分被遮蔽，看不到是否开衩，笔者推测以不开衩的对穿交的可能性大。从出土实物看，也有接襕和不接襕的两种款式。

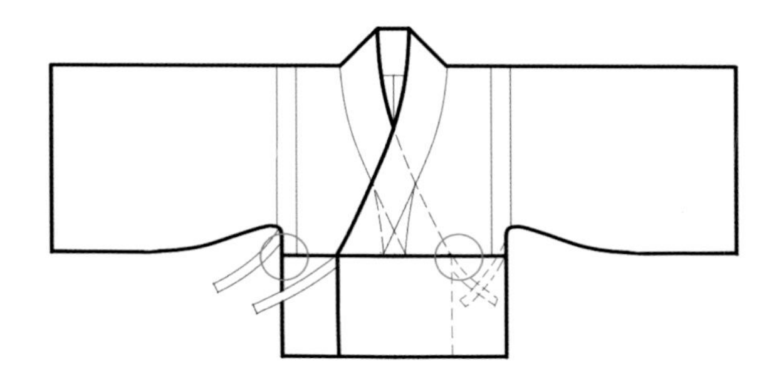

◀ 加腰襕上襦结构透视图
根据出土的魏晋时期的上襦摹绘，其中红色圆圈指示双侧受力的交襟结构，徐央绘

如上图所示，襦比较有时代特色的特征是两肩处的嵌条。根据考证，这是受到西域其他民族服饰的影响而融合进来的元素，属于汉服体系与其他民族服饰交流融合的部分，应看作汉服体系中具有时代特征的分支形式，而不是共性特征。

襦的穿搭方式同样经历了漫长的演变过程，从湖南长沙马王堆汉墓出土的遣策（记录随葬物品的清单）可知，西汉的人们常常在曲裾袍、直裾袍里面穿襦裙、襦裤，此时的襦裙形制与先秦时期基本无差别。到了东汉，改为将襦裙穿在外面，形成新的装束形象。这并不是形制变了，而是穿搭层次发生了改变。如汉乐府诗《陌上桑》中所述：“缃绮为下裙，紫绮为上襦”。

与襦和袄搭配的长裙有两种，第一种是间色多破裙，第二种是百褶裙。从庄重雍容的贵族妇女到穿着朴素的平民百姓，虽然身份等级不同，但她们所穿襦裙的基本结构是一致的。到了北宋时期，襦裙的主要变化是裙腰降低，降为高腰或齐腰；明代的搭配方式变为衣掩裙的袄裙。后世襦裙与唐代的装束造型相比，花色、面料、风格都发生了明显的变化，但是形制上没有根本改变，依然是在原有结构的基础上发展的。

二、华丽奢侈到惊动皇帝的大袖襦

在唐代的文献中经常出现襦裙、裙襦等名词，与衫裙的衫相比，此处的襦更多指的是交领或对领穿成交领以及大袖的款式。相对衫裙一般为日常生活着装，裙襦更多出现在宫廷礼仪、乐舞表演等场合。

作为盛唐宫人礼衣的“大袖裙襦”，还有“广袖之襦”的称呼。唐文宗（826—840）还曾特别下诏限定“襦袖不过一尺五寸”（《新唐书·车服志》），这说明当时“襦”的特征就是袖子宽大，大到了引起社会关注的地步。

◄ 身着大袖裙襦的人物形象
① 陕西咸阳礼泉县唐龙朔三年（663）新城长公主墓出土陶俑，了了君绘
② 陕西咸阳礼泉县唐咸亨三年（672）燕妃墓出土壁画局部
③ 河北邯郸邱县唐光宅元年（684）袁翼夫妇墓出土陶俑
引自邯郸市文物保护研究所、邱县文物保护管理所．河北邱县唐袁翼夫妇墓发掘简报［J］．文物，2021（03）：4-29.

唐代的《通典·乐》载：“舞四人，碧轻纱衣，裙襦大袖，画云凤之状，漆鬟髻，饰以金铜杂花，状如雀钗，锦履。”唐白居易的《和春深二十首·其十八》中有“何处春深好，春深嫁女家。紫排襦上雉，黄帖鬓边花”，晚唐温庭筠有名句“新帖绣罗襦，双双金鹧鸪”（《菩萨蛮·小山重叠金明灭》）。从这些描述中可知大袖襦往往极为华丽，除舞服外还可作为盛装，乃至婚服。这些大袖襦同样有腰部加襕和不加襕两种款式。

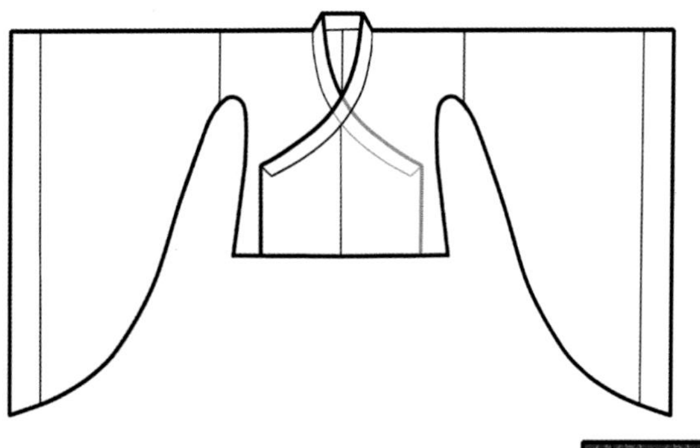

◄ 未加腰襕大袖襦结构推测图
根据陕西咸阳三原县唐贞观五年（631）李寿墓出土线刻摹绘，徐央绘

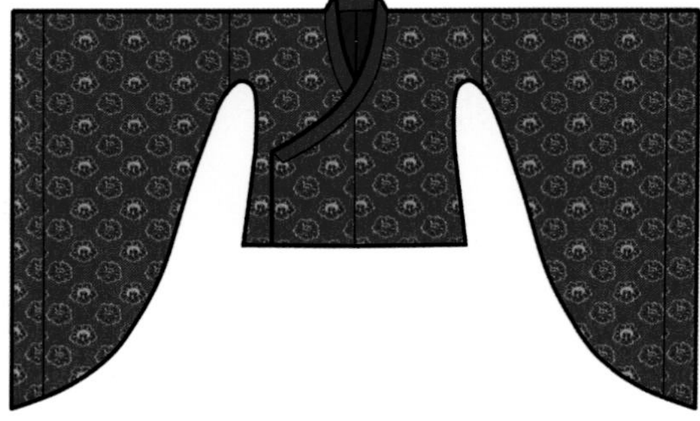

► 未加腰襕大袖襦效果图
花纹重新设计，徐央、木月绘

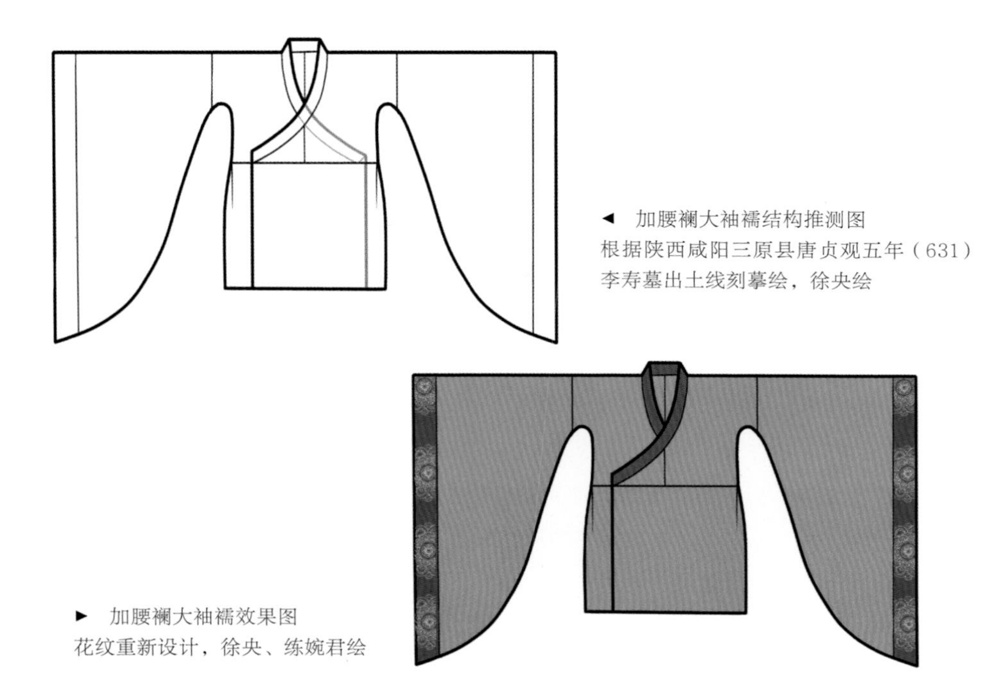

◄ 加腰襕大袖襦结构推测图
根据陕西咸阳三原县唐贞观五年（631）李寿墓出土线刻摹绘，徐央绘

► 加腰襕大袖襦效果图
花纹重新设计，徐央、练婉君绘

三、甘当绿叶的圆领袄子

袄也是秋冬天的基本款，类似于今天的棉袄、羽绒背心等。唐《一切经音义》释“袄”曰：“复衣也。有绵、夹、大、小之异也。”《唐六典》载：“冬则袍加绵一十两，袄子八两。”袄与袍相比要稍短一些，但又比襦、衫要长。一般来说，就是中长款的上衣，穿在里面作为增减调节用的衣物，也有直接穿在外面的。

袄的形制有点像圆领袍，按照是否开衩和开衩的位置不同，有合胯袄子、缺胯袄子、开后袄子（背后开衩的袄子）之分。这种只有实用性的衣物的确不起眼，相比霓裳羽衣、大袖抹胸、袒领裙之类的锦衣华服，低调得几乎被人们忽略。甚至在影视剧、动漫、游戏等娱乐作品里，颜值不高的它们几乎处于隐身的状态，其实它们才是大唐服装的基本款。

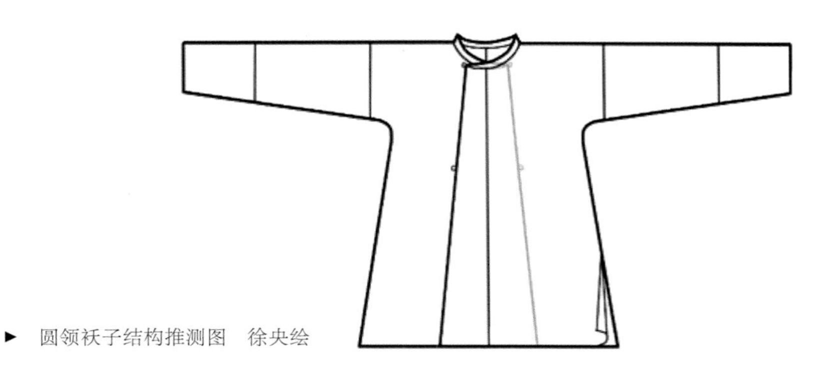

► 圆领袄子结构推测图 徐央绘

四、裘：保暖神器

“五花马，千金裘，呼儿将出换美酒”（唐李白《将进酒》）以“千金”来修饰“裘”，足以表明裘衣价值不菲。根据甲骨文记录以及其他考古发现，我们已知至少在新石器时代，人们就已懂得利用动物的皮毛御寒。先秦时期，皮毛的应用就已经很广泛和深入了。古时富贵人家会穿用狐狸皮、貂皮等制成的裘衣，“集腋成裘”“轻裘肥马”这些成语都是服饰文化的反映。古画和陶俑上也有刻画毛锋外露、花纹别致的裘衣款式。文字记录如先秦佚名《诗经·秦风·终南》中的“君子至止，锦衣狐裘”，《论语·乡党》中的“缁衣羔裘，素衣麑裘，黄衣狐裘”，以及《周礼》中的“大裘冕”（实际上就是黑羔裘）都可以证明。此外，《历代帝王图》中，南北朝陈文帝就身披一袭裘衣。内蒙古伊和淖尔古墓群还出土过一件北魏皮衣，看起来就像是今天的皮衣款式。

唐岑参在《白雪歌送武判官归京》中写道：“散入珠帘湿罗幕，狐裘不暖锦衾薄。”这里的“狐裘”是高档货、奢侈品，是达官贵人才能享用的，而犬裘、羊裘才是老百姓的首选。

在提倡保护珍稀动物的今天，用人造皮毛一样可以做出古代质感的服饰。

► 裘毛裤子
河南洛阳唐神龙二年（706）安国相王孺人唐氏墓出土壁画局部

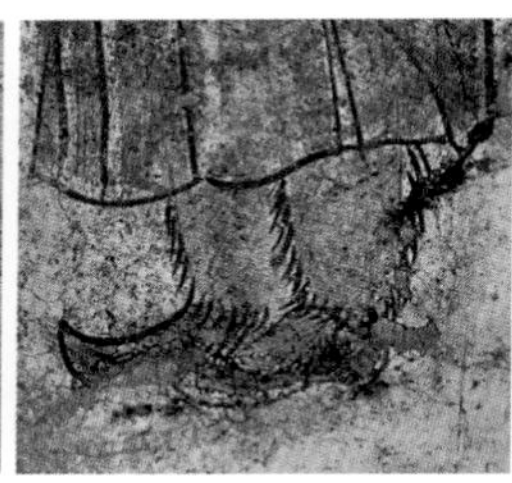

◄ 毛茸茸的裤子
陕西咸阳乾县唐神龙二年（706）章怀太子墓出土壁画局部

五、唐朝人为什么不穿棉袄

了解唐朝的朋友都有一个“常识”，那就是唐朝没有棉花做的棉衣。但严格来说，唐朝时已有棉花，其织成的布料叫作“绁（xiè）布”，也叫“白叠子”。唐段成式在《酉阳杂俎》记载：“拨拨力国，在西南海中，不食五谷，食肉而已。……波斯商人欲入此国，围集数千人，赍（jī）绁布，没老幼共刺血立誓，乃市其物。”

无论是从敦煌出土的棉布手套还是其他相关的文献记载，都证明唐朝时已经有草棉纺织的棉布了，《太平广记》中还记载了唐大中年间（847—860）李重“衣白叠衣”。既然棉花是如此优良的纺织原料，那么为什么没有得到广泛推广和应用呢？这是因为唐朝时期的棉花还是非洲棉，纤维较短、去籽费时，导致成本高，难以普及。宋代以后逐渐普及的是亚洲棉，加上纺织技术革新，棉花才成为中国人主要的服装原料之一。

场景十二 抵风挡雪的厚外套

白雪皑皑的洛阳城内，穿得像个圆球的孩童在外面玩闹，而阿娘（母亲）则在屋内里三层、外三层地给阿耶（父亲）穿衣服。先是裈和汗衫，再是裤、长袖、袄子，穿上圆领袍后，又拿出一件厚实的外套，一边给丈夫戴上暖耳，一边碎碎念。阿耶敷衍着妻子，胳膊也不伸进外套的袖中，只是扣上颈部小小的纽襻，将圆领的外套当作斗篷一样披在肩上。最后整了整幞头，便匆匆开门离去。

“你可要早点回来！”阿娘急忙抄起屏风上搭着的披袄，迅速披在肩上，跟着追了出去。她倚在大门口，耸了耸肩膀，双手把披袄拢到胸口，望着丈夫离开的背影，长长地叹了一口气。

其实，春夏秋冬的衣物，从形制来说并没有太大的变化，改变的是面料、层次和装饰。到了冬天，总体来说就是穿得更多、更厚，更保暖。

◀ 男子冬装外套造型效果图
徐央绘

一、圆领袍的时尚变形

一般情况下，圆领袍衫是男装，其正常穿法是衣襟左右交叠闭合，颈侧和腰腹部各有两组细小的纽襻，使左前襟覆盖右前襟。然而，在生活中，人们会根据温度变化增减衣物，从而使穿着方式发生了变化。如果感觉热了，就可以把颈侧的纽襻解开一组，把左前襟翻折下来，露出右前襟；或者解开两组，直接变成翻领。久而久之，还出现了一种领缘特别高的圆领袍衫，无法正常穿着，只能翻折或者披挂穿着，可能就是专门的外套款式。

还有一种更加潇洒和自由的穿法，那就是脱掉袖子、解开腰腹部两侧的纽襻，将圆领袍下面部分敞开。由于颈部两侧的纽襻还固定扣着，于是变形成斗篷式的穿搭，将整个人都罩在里面。

那么，为什么会故意把圆领袍这样穿呢？为了保暖的话，全部扣上岂不是更保暖？这可能是跟衣服的厚度有关。在没有羽绒服、化纤衣服的时代，冬衣多是靠双层布帛絮绵来制作，以使厚度增加。如果同时穿两件厚外套，会穿不进去或者显得特别臃肿；如果只穿一件，在室外又会感觉寒冷。于是人们摸索出一个办法，就是穿两件厚外套，其中一件披在身上，既遮挡风雪，又潇洒不羁。到了室内再脱下，露出里面干爽整洁的圆领袍衫，既温暖又不会失礼，这就是所谓的“一衣多穿”吧。

二、有袖子偏不穿的披袄

男子可以一衣多穿，既可以把袍披在肩上来遮挡风雪，也可以穿进袖子、扣紧革带，将其当作正式的外套。女子也有类似的袍，只不过从剪裁来看，袖子更短，领口更紧窄，是一种不同于圆领袍衫的新款式，叫作披袄。虽然都是“披”在最外面，但是“披袄”与“披风”是不一样的。披风没有袖子，而披袄是有袖子的，而且披袄整体呈交襟状，两襟对称，与交领衫的基本构造一致，都是两侧受力的结构，只是领口非常狭窄。这种领口极高极小、闭合之后紧紧包裹颈部的袍服，实际上在设计的时候，就是为了翻领穿的。就像今天的风衣，尽管可以把领子立起来扣住，但是一般都是敞开翻领穿着。

有趣的是，那时人们穿披袄时，大都把两只袖管长长地垂在身侧，只起到了装饰的作用。如 1992 年陕西省礼泉县昭陵乡庄河村出土的唐贞观二十一年（647）李思摩墓中的壁画，人像衣服的双袖就是垂放在两侧的。当然，人们也可以根据自己的需要把手臂穿进袖子里。1986 年陕西省礼泉县烟霞镇陵光村出土的唐贞观十七年（643）长乐公主墓的壁画中，就有把手臂穿进袖子的武士形象。也许是为了节省布料，久而久之，便出现了袖管变得很窄的披袄。

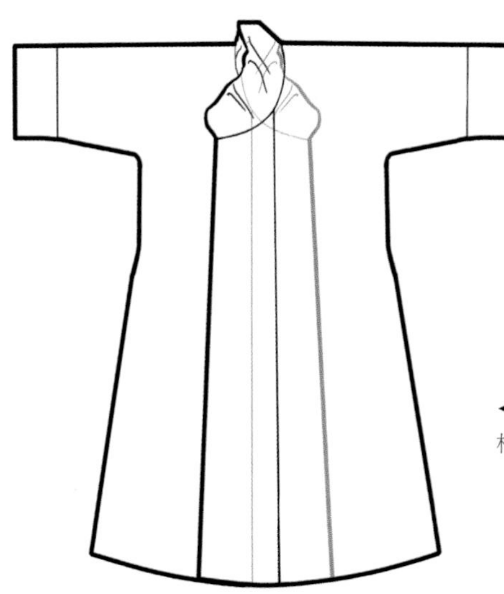

◀ 披袄结构透视图
根据中国丝绸博物馆藏品摹绘，徐央绘

▲ 披袄效果图
根据中国丝绸博物馆馆藏唐俑及实物摹绘，花纹重新设计，徐央、木月绘

◀ 穿披袄的唐俑
甘肃省庆阳市庆城镇封家洞赵子沟自然村中山梁穆泰墓出土，图片引自吴晶．张志升．庆城县博物馆馆藏唐代仕女俑服饰赏析［J］．东方收藏，2023（08）：15-17.

薄款的披袄，像是适合春秋天穿的风衣。加厚款的披袄，仿佛棉袄一样披在身上，是典型的冬天装备。

▲ 薄款的披袄
图片来源：乔织原创汉服

▲ 冬天加厚的披袄
图片来源：佳期阁

三、披衫（袍）的搭配层次

晚唐以来，除了窄袖衫子、齐胸长裙加长条披帛的传统穿搭造型，还开始流行对襟长款外套、外穿抹胸、宽裤长裙加披帛的造型。直领对襟两侧开衩的长款外套，单层叫作“披衫”，双层絮里的叫作“披袍”，装饰也越来越华丽，并对后世产生了深远影响。在今天，里面穿一件抹胸连体长裙、外面套上宽大的纱衣，头上再顶一朵巨大艳丽牡丹的形象，构成了人们对“唐风”的热烈想象，但这只是对晚唐“披衫”形象的大致描摹，细节失真。

全套的披衫装束包含三件单品。从穿搭层次上来看，首先是穿在最外面的对襟直领缘边的大袖开衩长衣，也是最华丽的部分。这种对襟开衩长衫也可以穿成交领款式。

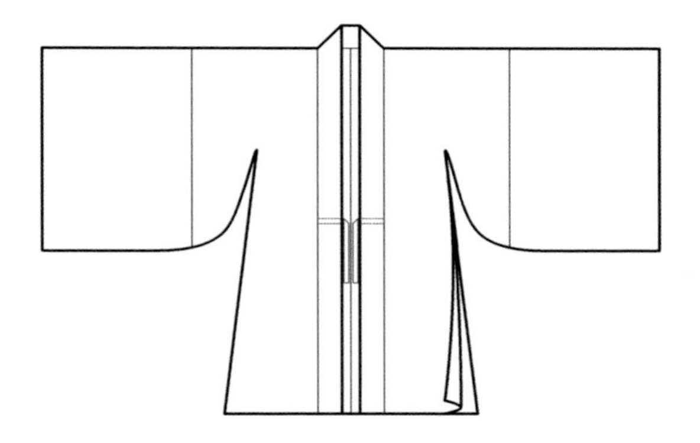

▲　披衫（袍）结构透视图
根据唐代壁画、人俑推测绘制，空心砚绘

►　穿成交领的披衫
唐周昉《簪花仕女图》局部

►　穿着披衫（袍）的女子形象
内蒙古赤峰市阿鲁科尔沁旗东沙布日台乡宝山村辽天赞二年（923）贵族墓出土壁画局部

第二层是宽裙头的曳地长裙或者抹胸加宽大的裤子。如前文所描述的那样，多为打褶的丝绸长裙，体现出仕女修长从容的身姿。这时期的长裙，一般都是满布式花纹或者暗纹，与唐代前期的间色裙风格迥异。

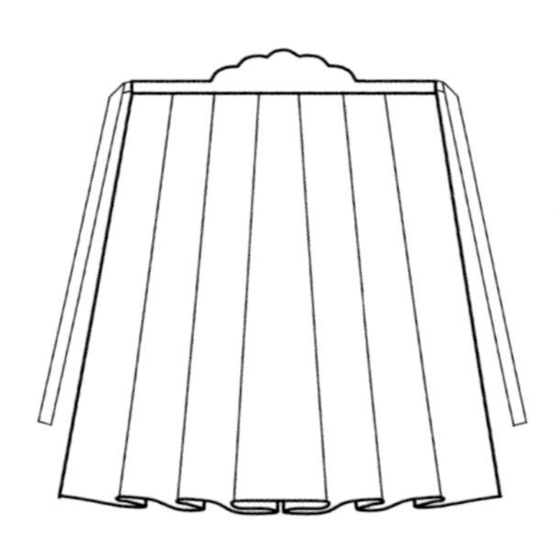

▲　宽裙头长裙结构图　徐央绘

▲　宽裙头长裙效果图
根据河北保定五代王处直墓出土文物摹绘，花纹根据飞凤蛱蝶团花纹图案重新设计，徐央、雪雪绘

第三层是长长的、华丽的披帛。无论是《簪花仕女图》还是《引路菩萨图》，画中的披帛都极为华美，有着富丽堂皇的花纹和鲜艳的颜色。这说明即便是结构最简单的披帛，也有风格、档次的区分，适配于不同的服装造型。

四、法门寺文物猜想

位于陕西省宝鸡市扶风县的法门寺地宫，是一座宝库。其中的大红色蹙金绣服装模型，袖通长 14.1 厘米，身长 6.5 厘米，宽 6.7 厘米，是实衣的等比例缩小。蹙金是一种以捻紧的金线为刺绣线材、使用跨线将金线横向刺绣的工艺。唐杜甫《丽人行》中有“绣罗衣裳照暮春，蹙金孔雀银麒麟”的描述。法门寺地宫中出土的蹙金绣实物上的手工捻金线比头发丝还要细，每米丝线上缠金箔三千捻回，令人惊叹。

长期以来，它都被认为是一件半袖短衣，不过根据裙子和衣服模型的尺寸换算，这件对襟的外套，应该是半长款的对襟长袖。根据法门寺《衣物帐碑》上的文字记录，推测是“披袄子”。

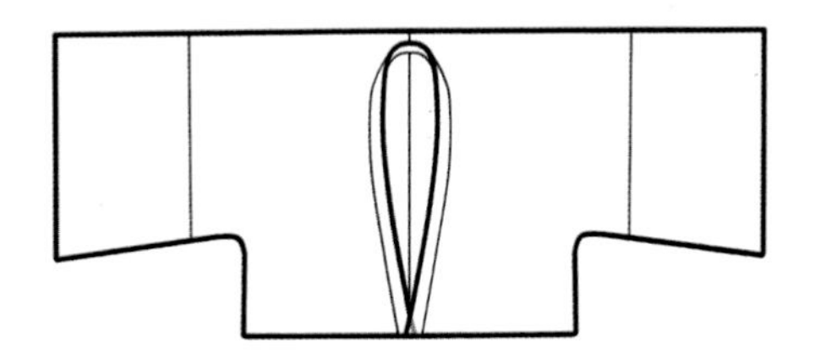

▲ 蹙金绣对襟长袖上衣结构推测图　徐央绘

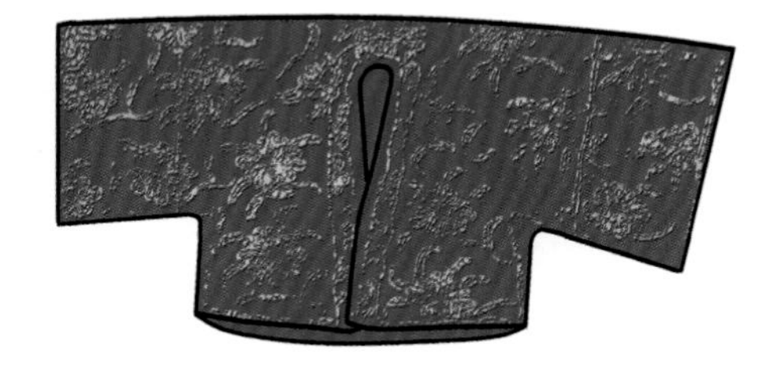

▲ 蹙金绣对襟长袖上衣效果图
根据法门寺地宫出土文物摹绘，徐央、木月绘

除了这件外披袄子的模型，法门寺还出土了一件对襟长衣，赵丰在《寻找缭绫》中认为这件文物是“缭绫浴袍”。笔者认为，这件对襟开衩长衣的功能可能是浴袍，但单就形制而言，款式特征跟披衫外套是共通的。

这种长外套也有不同的变化形式，如《引路菩萨图》中的供养人身穿的对襟开衩长衣外套，后面就出现了拖尾。

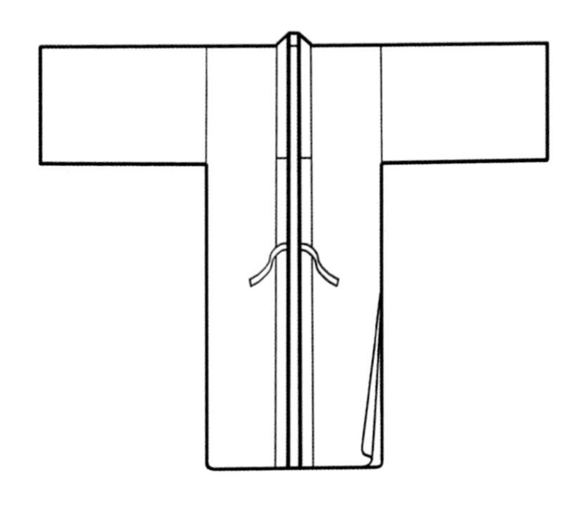

► 直领对襟长衫（袍）结构透视图
根据法门寺地宫 T68 包裹出土实物摹绘，徐央绘

◄ 《引路菩萨图》中供养人穿着效果图
图片来源：装束复原团队
模特：李一凡

▲ 图①~⑤
直领对襟造型分解图
徐央、雷雪雨、龚如心绘

▲ 直领对襟长衫穿着效果图
图片来源：装束复原团队
模特：卢慧仪

场景十三　百姓御寒的各种手段

一位老母亲坐在门槛上，借着天光，专心致志地缝着手上的衣服，密密麻麻的针脚寄托了她沉甸甸的母爱。她的儿子要出门远游，说是跟着同门出去见世面、闯荡一番，如果不出人头地就不回来。她抬头望向彤云密布的天空，又要下雪了，她内心更加忧虑，生怕自己孩子在外面冻了饿了，手里的针线游走得更加急切。双层的麻衣，絮着厚厚的芦絮，摸上去厚实而绵软，翻折过来，密密的针脚全都隐藏在内，外观看上去整洁而紧致。

寒冷的冬天对老百姓来说并不好过。普通百姓享受不到达官贵人的种种取暖设施，他们只能竭尽所能地多穿衣服来对抗酷烈的北风。

一、絮衣：原始版的羽绒服

絮衣是指双层的衣服，里面有填充物。但在棉花种植尚未普及的唐代，填充物一般是丝绵、乱麻、绵纩（kuàng）等。

丝绵十分柔软，穿着舒适且保暖，但价格高昂，平民百姓用不起，只能找一些廉价的替代品。乱麻是纺线时的下脚料，绵纩是指品质很差的不能用于缫丝的蚕茧，只能拿来做填充物。甚至还有用芦花做填充物的，因为并不保暖，所以只有穷人才会穿。

二、隆寒披纸裘：普通人的辛酸

纸裘是从魏晋到宋朝都很流行的廉价冬装，此处的纸是指用楮树皮制成的楮皮纸。穷人们穿不起皮毛，便把主意打到了树皮上。制作的基本方法是用上百张楮树皮，先制作成纸，再将这些纸放在一起蒸煮，加入胡桃等使之软化，最后将这些纸压制在一起，形成一块衣料，就可以裁剪、制作衣服了。楮皮纸纤维强度高，厚实坚韧且不透气，于是有了保暖的功效，但也因为不透气，穿起来舒适度不高。

场景十四　戴着虎头帽的孩子

唐景龙四年（710），西州高昌县宁昌乡厚风里的一家义学里，十二岁的卜天寿小朋友，半大不小的个头，戴着一顶虎头帽，圆鼓鼓的脸蛋，露出稚嫩的神情，趴在学堂的案几上，老老实实地抄写《论语》，抄得他唉声叹气。

他抬起头偷偷瞄了瞄前后左右的同学，又瞅了瞅端坐在上方的先生，心思早就飞到了九霄云外，满脑子都在计划着放假后怎么玩。他看了看抄写完毕的作业，自我感觉良好，吹了吹墨迹，决定放飞自我，旋即提笔，在作业后面又写上一首打油诗：

“写书今日了，先生莫咸池（嫌迟）。明朝是贾（假）日，早放学生归。”

没想到先生翻开一看，顿时气不打一处来，抄起黄荆条就吼道：“卜天寿！错别字连篇，你还想着玩，再抄十遍《论语》！”

卜天寿委委屈屈地走上前，侧着身子站着，双手揪着窄袖短衫的下摆，被打了几棍子，什么心思都消失了。

一、可爱又保暖的儿童虎头帽

虎头帽本来是戴在武士的头上用来增加战场威慑力的，如汉代的虎头衣、南齐的斑衣虎头帽等。因为在古代，老虎这种极为凶猛的野兽象征着至高的战斗力。野生老虎在今天是需要保护的濒危动物，但在古代可是人人避之不及的凶神恶煞。

▲ 戴虎头帽的人物形象
甘肃酒泉榆林窟第 25 窟北壁《弥勒经变》壁画局部

◄ 戴虎头帽的三彩武士俑　陕西西安博物院藏
图片来源：子午莲（王岑）

可是到了后来，连刚出生的小孩都戴上了虎头帽。陕西西安东郊韩森寨唐墓出土了一件唐代虎头帽襁褓陶俑，帽子上有两只虎耳朵，还有老虎的胡须，衬着孩子圆滚滚的小脸蛋，一个可爱的孩子形象被刻画得活灵活现。

大人为什么喜欢给孩子戴虎头帽呢？唐代的人们认为，老虎勇猛威武，煞气十足，能够避邪，保护孩童健康茁壮成长。所以渐渐的，军事用途上的“武器”就变成孩子头上呆萌可爱的布老虎了。

▲ 戴虎头帽的儿童　徐央绘

► 唐代虎头帽襁褓陶俑
陕西西安东郊韩森寨唐墓出土

二、小大人般的儿童服装

“郎骑竹马来，绕床弄青梅”，李白在《长干行二首》中描述了天真烂漫的儿童形象。孩子头上扎着丫髻，上衣穿接腰襕的半臂，下面穿交裆裤，骑着竹马蹦蹦跳跳，热闹喧嚣的感觉扑面而来。

► 骑竹马小童示意图　徐央绘

古代没有现代意义上的童装款式，儿童的衣服多半是由大人衣裳改制而成的。常常看到古画上，在主人的身边站着一个缩小版的人，其实表现的就是儿童，这说明唐朝儿童们平时也是穿齐胸衫裙、圆领袍衫或者半臂襦裤的，只是放量更小，方便活动。

▲ 唐朝儿童形象
① 唐张萱《虢国夫人游春图》（宋摹本）局部
② 甘肃敦煌莫高窟第 45 窟南壁《观音经变》之《求儿求女图》壁画局部
③ 甘肃敦煌莫高窟第 468 窟《学堂图》壁画局部
④ 甘肃敦煌莫高窟第 23 窟壁画局部

敦煌壁画里也描绘了儿童活泼好动的形象，服装款式一般都是圆领窄袖上衣加裤子、半臂上衣加裤子，或者直接穿一件半袖的开衩长衫。敦煌莫高窟第 220 窟南壁中绘制于初唐的《阿弥陀经变》里就画着两个儿童，上身穿红色绿襴的半臂，里面是白色的衬衣，下身穿窄窄的短裤。还有敦煌莫高窟第 323 窟的壁画上绘制的一个儿童，穿着通裁开衩长衫，只不过是半袖的且衣长较短。其他壁画中还有儿童上身穿着圆领袍衫，里面是裹肚，下面穿交裆裤的形象。

◄ 穿半臂的儿童形象
甘肃敦煌莫高窟第 220 窟南壁《阿弥陀经变》壁画局部

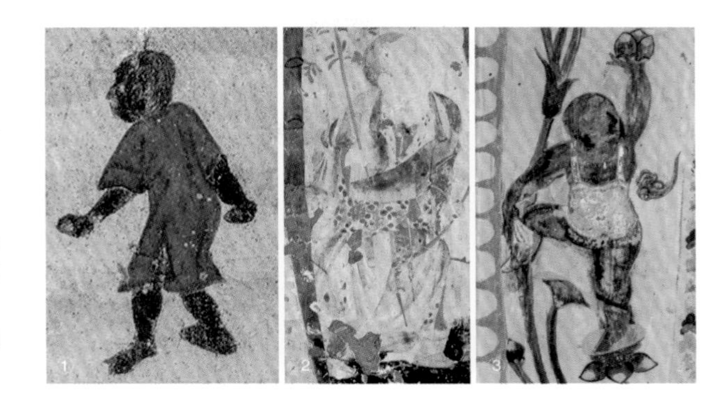

► ① 穿通裁开衩长衫的儿童形象
甘肃敦煌莫高窟第 323 窟南壁《石佛浮江》壁画局部
► ② 穿圆领袍骑竹马的儿童形象
甘肃敦煌莫高窟第 009 窟东壁《供养人行列》之《骑竹马图》壁画局部
► ③ 穿着裹肚的儿童形象
甘肃敦煌莫高窟 329 窟《化生童子图》壁画局部

简单地说，孩子们春夏穿单层的薄衫，秋冬则换上带絮里的夹袄，跟着大人一起四季轮换。

三、婴幼儿的可爱造型

小宝宝因为体型原因，穿着比较特殊，要么是用襁褓包裹，要么是穿裹肚，露出莲藕似的胖胳膊。因为怕喂饭时洒漏，家长还给宝宝戴上围嘴，仿佛一圈莲花绽放。天气炎热时，宝宝几乎全裸，只穿个袜子就到处跑；当天气转凉甚至寒冷时，父母就会给宝宝穿上长袖长裤，再捆上裹肚，甚至有的父母还为他们套上毛茸茸的裤子，让小宝宝整体看起来像是一个可爱的玩偶。

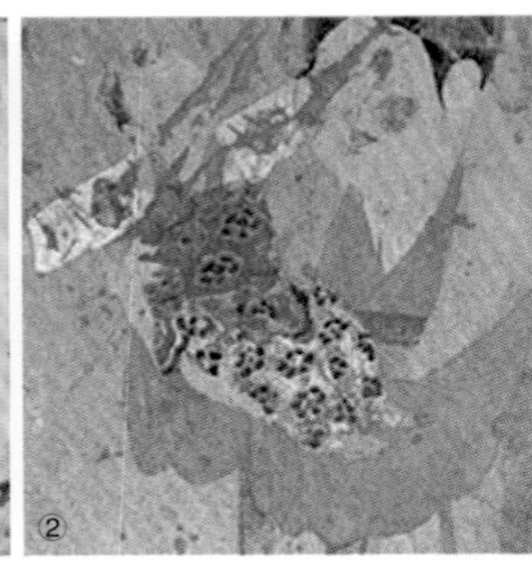
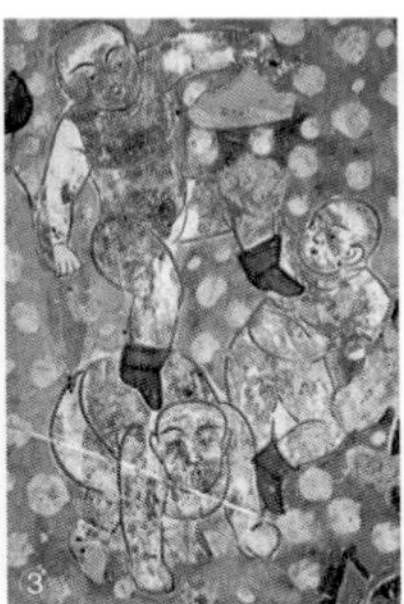

▲ 各种穿着的儿童形象
① 甘肃敦煌莫高窟第 329 窟西壁《化生童子图》壁画局部
② 甘肃敦煌莫高窟第 138 窟东壁供养人壁画局部之穿裹肚的童子
③ 甘肃敦煌莫高窟第 217 窟《群童嬉戏图》壁画局部
④ 甘肃敦煌莫高窟藏经洞出土《童子拜观音》纸本遗画局部，英国大英博物馆藏

四、穿着背带裤到处跑的胖娃娃

除了襁褓、围嘴、裹肚，孩子们还会穿一种流行服饰，即条纹背带裤。

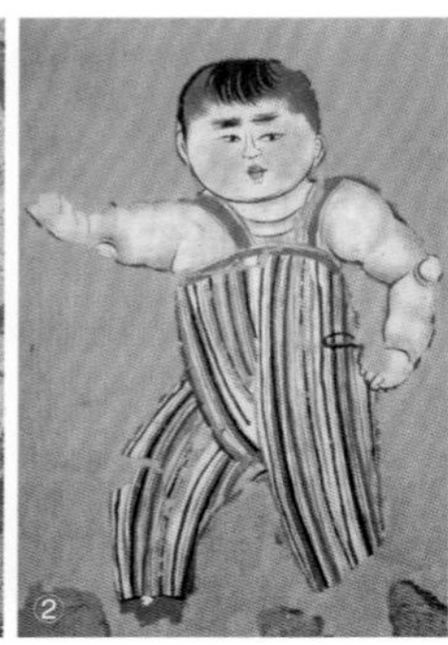

◂ 穿条纹背带裤的儿童形象
① 甘肃敦煌莫高窟第 220 窟南壁《阿弥陀经变》之《化生童子图》壁画局部
② 新疆吐鲁番阿斯塔那唐墓出土绢画局部
③ 甘肃敦煌莫高窟第 220 窟南壁《西方净土变》壁画局部

仔细研究其结构，就是在交裆裤上面加背带，制作方式与普通的交裆裤基本一致，区别在于小孩无法通过系带的方式来固定“裤腰”，只能通过两条背带来进行整体固定，这样就形成了很有特色的背带裤。再加上用条纹布料来制作，辨识度就更高了，一下子成了唐代小孩子的代表服装之一。

▲ 仿作儿童背带裤的正面图

▲ 仿作儿童背带裤的展开图

▲ 仿作儿童背带裤的穿着效果图
汉流莲考证推测制作

第五章

繁密的服饰典章

场景十五　气场两米八的高等级大礼服

天光大明，在恢宏壮观的宫阙丹墀（chí）之前，鸿胪寺的几名官员凑在一起低声细语，商议着接待来宾的礼仪流程。他们穿着上衣下裳的朝服，簪缨冠笄；裳前佩戴蔽膝，裳后佩戴绶带；缙绅玉佩头戴笼纱冠。场面一派庄严肃穆。

正所谓"九天阊阖开宫殿，万国衣冠拜冕旒"（唐王维《和贾至舍人早朝大明宫之作》），帝都长安是天下万邦辐辏（còu）之中心，朝拜觐见的礼仪不能懈怠，需要鸿胪寺官员们反复打磨和督导，比如拜舞的礼仪、朝谒的班序、奏乐的频次、宴赏的规格，都是他们要过问之处，以防在陛下面前出现纰漏。

► 唐代官员形象
陕西咸阳乾县唐神龙二年（706）章怀太子墓壁画《礼宾图》局部

一、传承三千年的“统”

束发戴冠、交领右衽、上衣下裳、前三后四加蔽膝后绶的穿戴范式是典型的礼仪服饰，是华夏最传统的服饰类型。如距今 3 000 多年的商代人像，虽然穿着风格与后世不同，但都是束发戴冠、交领右衽、上衣下裳、前三后四加蔽膝，服饰的剪裁方式也是一致的。

今天的人们会按照不同的场合穿衣，唐朝人也遵守这一穿衣准则。他们分得很清楚，无论平时多么追求流行，但到正式的礼仪场合、社交场所，穿的都是正规的服饰，与普通场合的服饰形成鲜明的对比。

古人很早就有区分时装与传统服饰的意识，它们并不冲突，在不同的场合使用，并行不悖。如上衣下裳的款式，一直传承到明代，应用到朝服、祭服上。但不是所有古代人穿过的服饰都可以称为传统服饰，很多不过是昙花一现的时装。传统服饰最重要的就是要明确传承什么，以及承载着怎样的文化和历史内涵。中华大家庭，五十六个民族有着各自的文化传统，我们应该遵守各自的理念，各有名分、名实相符。

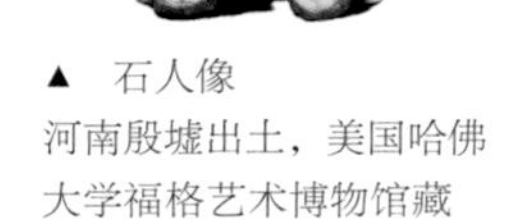

▲ 石人像
河南殷墟出土，美国哈佛大学福格艺术博物馆藏

二、穿制服上班的皇帝

（一）皇帝也要遵守穿衣准则

无论现代人还是古代人，着装都要考虑时间、地点、场合三个要素，做到协调、适宜。就像我们不会穿泳衣去公司开会，也不会穿婚纱去劳作，不同服饰有不同的功能和使用场景。换句话说，古代也分礼服、盛装、工作服、便装、家居服等，并不是一套衣服穿到底。

在某些戏曲或影视剧中，有时一个角色就是一种造型，受这种“衣箱化”模式的影响，观众们潜意识中就认为皇帝天天穿着冕服到处跑，上朝、吃饭、休息都是那一身。但实际上不能这样机械地理解，包括皇帝在内，所有古人都会根据所处的场合选择穿什么衣服。

唐朝皇帝的衣服大致来说有冕服、通天冠服、常服等类别。

（二）皇帝登基穿什么

在古代，皇帝登基是举国上下最隆重的礼仪活动之一，主角穿戴的自然是最隆重的礼服。

纵观中华五千年的历史，其中有三千多年，冕服是当之无愧的最隆重的礼服。冕服是一个系列，按照《周礼》的说法，共分六种，大体款式相同，质地、花色、配饰各有不同。唐朝皇帝的礼服，有大裘冕、衮冕、鷩（bì）冕、毳（cuì）冕、絺（chī）冕、玄冕，分别对应不同的使用场景。

我们经常在电视剧里看到的皇帝登基时所穿的冕服，叫衮冕，通身饰十二章纹，象征天子的十二种美德。比衮冕还要高一档次的是大裘冕，是皇帝祭祀天地、神祇时所穿。有人会问，大裘冕的规格比登基用的衮冕还要高，那岂不是更加富丽堂皇？其实不然，大裘冕反而朴素无华，这里体现了中华传统思想中返璞归真的特质。自衮冕以下的服饰花纹装饰依次递减，不同规格对应不同场合。

敦煌莫高窟除第 220 窟以外，第 98 窟、103 窟、138 窟、194 窟也都有帝王将相身着冕服的形象。除了有些图像的花纹与文献记载不一致（有可能是绘者的艺术发挥），衣服形制的程式如出一辙。

在陕西汉唐石刻博物馆馆藏的题刻“大唐皇帝供养、大唐皇后供养”的唐代经幢构件中，有一幅线刻人物图像，其中的唐朝皇帝身穿的也是有曲领、蔽膝的传统上衣下裳，从纹饰上可以分辨的有日、月、龙、山、华虫、宗彝等。比较独特的是冕旒呈璎珞状，这是一个孤例，有可能是当时崇佛思想的反映。

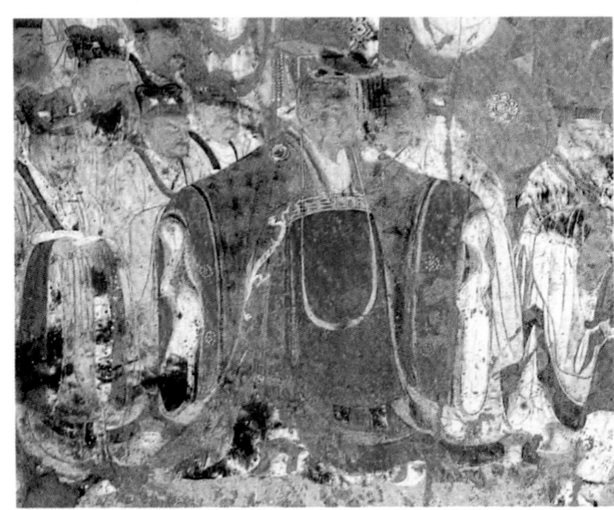

▲　身着冕服的皇帝形象

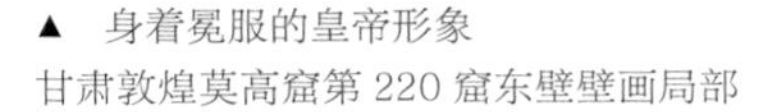

甘肃敦煌莫高窟第 220 窟东壁壁画局部

▲　大唐皇帝石刻像

陕西汉唐石刻博物馆藏，雪雪绘

总体来说，唐朝皇帝冕服制度考证周秦、继承汉魏，形制完全沿袭前代，甚至一度还按照《周礼》文献的记载来执行六冕之制。从实际来看，除登基大典外，历代唐朝皇帝在祭祀先祖、成人礼、册封皇后等重大礼仪场合也是身穿衮冕，也就是人们耳熟能详的“十二章纹”和“十二道冕旒”的专用制服。

▲ 身着衮冕的皇帝形象推测图

根据《新唐书》《旧唐书》《历代帝王图》、敦煌壁画等资料综合推测绘制，徐央绘此处的衮服效果图，根据文献资料等做了大量的推测。冕冠样式以通天冠为冠身“卷”，原本的形式是圆框，魏晋以来出现通天冠形式，本书采用后者观点。“卷”上面覆盖长方形的冕綖（yán），这块板子顶部玄色、底部朱色，前后各垂十二旒白色珠子。冠身“卷”参考唐咸通九年（868）的《金刚般若波罗蜜经》卷首画中的通天冠形象。翠蕤（ruí）结缨，冕綖、簪导、天河带以及被挡住的充耳等参考敦煌壁画中的形态。龙纹参考敦煌莫高窟第220窟壁画和敦煌石窟所出唐代纸本佛画中礼佛帝王冕服像，另外还参考了吴山等编撰的《中国纹样全集》一书中的部分纹样。革带参考了唐阎立本的《历代帝王图》。佩剑是玉具剑，根据孙机《中国古舆服论丛》的考证，剑柄缠缑（gōu），顶部装饰圆白皎洁的“火珠”。根据《新唐书》等文献记载，十二章纹中，星在背后，日月分列两肩，龙、山及以下共九种纹样每种一排，每排十二个。再结合《历代帝王图》上所有冕服玄衣留下的模糊痕迹，推测出玄衣上较为密集地刺绣着龙、山、华虫、火、宗彝等纹样，龙纹应该是前后错落有致地排布。

宗彝根据目前的考古资料推测，一种说法是指宗庙祭祀所用酒器，另一种根据《隋志》等记载推定，也可能是指天子祭服上所绘虎与蜼（wěi，类似长尾猴的走兽）。山、火、粉米、藻、黼、黻样式参考了韩国学者崔圭顺《中国历代帝王冕服研究》中关于十二章纹的介绍。玉佩参考陕西历史博物馆馆藏的唐代组玉佩。赤舄约履参考日本正仓院的藏品。黄文弼《吐鲁番考古记》中的《伏羲女娲神像图》，人物所穿非冕服，故日月纹里面未画玉兔、树、金乌。冕服整体为玄衣纁（xūn）裳，内有青缘白纱中单，下裳两侧往上提拉，如同帷幕一般，呈自然褶皱状。部分细节还参考了楼航燕的《唐之雍容：2021 国丝汉服节纪实》第121页陈诗宇（扬眉剑舞）服饰复原团队的《大唐衣冠》、阎步克的《服周之冕：〈周礼〉六冕礼制的兴衰变异》等资料。

（三）皇帝在大型集会时要穿通天冠服

就像我们平时不会把婚纱拿出来穿一样，皇帝日常也不会穿着冕服到处走。那么皇帝举行大型节庆活动时穿什么呢？按照文献的记载是穿通天冠服。

通天冠就是传说中秦始皇佩戴的首服，并因此从之前较低等级的冠上升为最高等级的冠。但随着时代变迁，到了唐朝等级又下降了，整套通天冠服成了冬至日接受朝拜、宴请群臣等场合穿的礼服。

下面这幅唐朝的通天冠服效果图同样并非完全复原，而是做了大量的推测。通天冠采用文献观点，参考敦煌壁画中的形态，推测为金博山附蝉，附蝉形态参考了陕西历史博物馆收藏的唐代镂空金蝉。冠体整体呈后卷状，有二十四道梁，顶端施以十二粒珠翠。黑色的介帻，金色的装饰，组缨下垂部分为翠色，还有玉和犀制作的簪导。服饰的袖缘和领缘应该有花纹，但是在史料不清的情况下，此处暂时以暗纹填充。整套服饰为绛色纱质上衣、朱色衬里的红色罗料下裳，搭配白色中单、白色袜子和黑色鞋子。

▲ 穿通天冠服的皇帝形象推测图

根据《新唐书》、《旧唐书》、敦煌壁画等资料综合推测绘制，徐央绘

（四）君臣开小会时穿的通勤装

只有在大集会、大活动时，人们才会郑重其事地穿上最隆重、最传统的礼服，营造仪式感和场面感。唐朝皇帝接见大臣、办公和生活中，穿的是常服，就如今天的通勤装、普通行业的制服等。例如唐太宗时期，他的通勤装可能有如下几种。

（1）头戴翼善冠（推测类似进德冠），搭配交领右衽宽袍大袖的上衣下裳，里面穿用精细布帛制作的上襦下裙。

这是一种非常传统的穿搭方式，虽然唐太宗的这种穿着形象的详情目前还不可考，只能从唐朝壁画中官吏们的造型推测，但大致形态应当如此。

◀　唐太宗戴翼善冠形象推测图
在《新唐书》《旧唐书》里，与翼善冠配套出现的是“裙襦”，即上衣下裙，在其他文献记载中都是用来搭配上衣下裳的，而唐朝的圆领袍衫没有内搭上襦下裙的记录，所以推测翼善冠应该搭配衣裳制的礼服。徐央绘

（2）头戴折上巾（幞头的一种），搭配赤黄色圆领襕袍，腰扎玉质附环方銙黑鞓九环带，脚上穿乌皮六合靴。

这套袍服似乎一下子把华夏衣冠汉服体系中各种款式都囊括了，因为衣裳、裙襦、袍服之类都是并行的款式，只是流行程度不同。以唐太宗为代表的皇帝们穿的圆领袍，同样是交襟结构、两侧不开衩、下面接襕的款式。

明故宫南薰殿版本的唐太宗画像是明代绘制的，无论是幞头、领子、龙纹、花纹排布还是革带，都不是唐初的形式，不能作为参考。北京故宫博物院藏阎立本的《步辇图》，显示唐太宗腰胯部的衣服褶皱线条是横向的，不是竖向的，从结构线来看，衣服两侧未开衩。且《步辇图》描绘的是唐太宗在宫内接见松赞干布派来的吐蕃使臣禄东赞的情景，红袍的典礼官和白袍的通译者都穿襕袍，唐太宗不可能穿得比臣下的礼仪等级还低，因此唐太宗所穿的“常服”应是襕袍（衫）。

► 唐太宗戴折上巾形象推测图
唐太宗所穿圆领襕袍的纹样在文献上记载的是“大窠纹”，但具体纹样不详，本图参考慕容智墓出土的紫袍纹样和宝相花纹重新设计面料上的暗纹，并非复原。徐央绘

（3）头戴平巾帻（传统首服的一种），搭配裤褶服。

这是一种上衣下裤的穿搭方式，褶最早为内穿，魏晋之后演变为外穿。目前唐太宗这种穿着形象的详情尚不可考，只能根据文献和各类壁画、陶俑的人物造型推测其大致形态。

平巾帻很有辨识度，脑后有簪导插入固定。冠支、簪导都由玉石制成，簪导的顶端用黄金装饰。根据慕容智墓等墓的出土文物，以及《旧唐书·舆服志》中的记载可知，唐太宗所穿裤褶的上衣是紫色，因初唐以紫色为贵重色彩，后世亦有“满朝朱紫贵”的说法。这种紫色是一种“红得发紫”的紫，即隐隐带有红色的暗紫色。裤为白色的大口裤，装饰珍珠宝钿的起梁带（下图中宝钿被挡住了），常在骑马的时候穿着。

► 唐太宗戴平巾帻形象推测图 徐央绘

三、一代女皇武则天穿什么

既然我们的大女主武曌能够为自己造字，那么造个冕服来穿穿也未尝不可。可惜由于缺乏详细资料，很难说清楚武则天时期的冠服样式。北宋摹本唐张萱《唐后行从图》中，武则天身穿类似男士礼服的上衣下裳，头戴有凤鸟样式装饰的珠宝“头冠”，与出土文物花树冠不同。虽然该画不可作为真实形象来考据，但是有理由相信，武则天会对自己穿戴的冠服做出设计。如陕西西安长安区出土的石椁上刻画的女性形象，戴着类似进贤冠、进德冠结构的头冠；懿德太子墓石椁线刻中的两个女官头戴着类似皮弁的珠冠等，很有可能都是对女性当权历史的反映。

在今天的乌兹别克斯坦撒马尔罕古城遗址发现的带有唐朝元素的壁画，最迟反映的是唐高宗时期（650—683）的女性形象。其中大使厅北壁绘制了唐高宗和武则天两位历史人物，武则天身穿圆领的上衣、齐胸的间色裙，外套对襟长袖长衫，有着华丽而宽阔的缘边。身边侍女们的穿戴与武则天类似，可见在高宗时期，唐朝女性就已经在齐胸间色裙衫的外面套对襟长衫了。在唐永徽二年（651）段简璧墓的壁画上，也能见到相近的款式。而唐玄宗于开元二年（714）将宫中所存的前代华丽服饰全部运至殿前焚毁，除了禁奢，未尝没有销毁武则天时期各种突破礼制规程的服装款式的意味。

▶ 武则天形象
乌兹别克斯坦撒马尔罕古城遗址大使厅北壁壁画局部

场景十六　满朝朱紫贵——重要的官员礼服

庄严肃穆的祭祀典礼上，皇帝头戴冕冠，身穿冕服，迈着四方步走出来。随后，一个又一个头戴冕冠、身穿冕服的官员鱼贯而出，个个都凝神屏气、严肃庄重。

这个画面好震撼，场上黑压压一大片全是冕服，这是怎么回事呢？要想知道官员为什么可以穿冕服，就要了解唐朝官员们的礼服制度。当时官员们的礼服可以分为祭服、朝服、公服、常服四种。

一、等级最高的祭服

中华文明中，“礼乐”占据了核心位置，而祭祀是礼乐制度的重要组成部分。在古代，人们认为“国之大事，在祀与戎”（《左传·成公·成公十三年》），也就是说，祭祀是一件可以与军事战争相提并论的大事。在这种重视祭祀的社会氛围下，祭服自然是不可或缺的重要组成部分。祭服是祭祀场合所穿，等级最高，但应用频次也最低。

冕服、袆衣等一系列的高等级礼服，从本质上追溯都是祭服。官员的祭服与帝王们所穿相比，整体的形制和范式基本相同，差别在于冕旒、花纹、材质等细节。

二、以冠区分的朝服

朝服是五品以上官员参加陪祭、朝飨、拜表等大事时所穿礼服。虽然从礼仪等级来说，朝服比祭服要低一级，但是每个细节都有规定，不可马虎。以《唐六典》记载为例：“凡百官朝服，陪祭、朝会，大事则服之。冠，帻，缨，簪导，绛纱单衣，白纱中单，皂领、标、襈（zhuàn，衣服的边饰）、裾，白裙、襦，革带、钩䩨（wěi），假带，曲领，方心，绛纱蔽膝，袜，舄，剑，双佩，双绶。六品已下去剑、佩、绶。”受到汉代“以冠统服”文化的影响，唐朝官员的等级主要通过头上佩戴的冠和腰间悬挂的绶、玉来区分，所以各类朝服都是利用其所搭配的冠来命名，配套的衣服都是交领右衽的上衣下裳。

唐代时文武官员的服饰大致相同，所戴的冠大体有武弁、进贤冠、法冠（獬豸冠）等，其中武弁和进贤冠应用广泛，种类丰富，而法冠与进贤冠的形制相似，是左右御史台流内九品以上的官员所戴。

（一）头上“钓鱼”的武弁

根据《旧唐书》记载：“武弁……皆武官及门下、中书、殿中、内侍省、天策上将府、诸卫领军武候监门、领左右太子诸坊诸率及镇戍流内九品已上服之。”也就是说，文武官员都可以戴武弁。

文官戴的武弁，文献中称为“笼冠”。根据传世拓本唐代《凌烟阁二十四功臣图》可知，武弁由笼冠和平巾帻两部分构成。品级较高的武弁有簪白笔，即冠的顶部从后面伸展出来一根长而弯曲的白色装饰物，看起来就像钓鱼的鱼竿一样，这是对汉代簪白笔的模拟。汉代时，官吏们喜欢把笔插在耳边发际，方便取用，久而久之，就成了朝服的一个“标配”。后来簪笔的实用功能消失，变成了冠帽上面纯粹的装饰物，长度也越来越长，从一支笔变成了一根弯曲的“鱼竿”。

除了长而弯曲的簪白笔，非常惹眼的是冠侧的貂和正前方的蝉。这里的貂和蝉，显然不是《三国演义》中的美女，而是指笼纱弁冠上面装饰的毛茸茸的貂尾，以及金博山上面装饰的蝉。先秦及两汉时将貂尾加到冠帽上，赐予达官贵人佩戴，是荣誉的象征。西晋时司马伦大肆加官晋爵，导致一时貂尾不够用，只好用狗尾来代替，于是诞生了“狗尾续貂”这一成语。说到蝉，似乎在今天人们的认知里是平平无奇的，但在唐朝甚至数千年的华夏文明史中，蝉被认为居高声亢、餐风饮露，是品行高洁的文化象征，受到了人们的喜爱。从文物中也可以看到，蝉与冠帽有着密不可分的联系。敦煌壁画上的冕冠、通天冠等都有附蝉纹，这种文化意象一直沿用到明末。

► 武弁朝服推测图
根据《新唐书》《旧唐书》等资料，参考北魏宁懋墓石椁外壁线刻、唐高力士墓线刻、唐章怀太子墓壁画、唐惠庄太子墓壁画等资料绘制。其中部分细节参考《唐代文官武弁朝服服饰文化研究》一文，作者：胡泰华（九州牧），绘画：李翊。徐央绘

（二）头上顶着一只鸟的鹖冠

武官也戴武弁，文献中称作“鹖（hé）冠”。唐代典籍里说黄黑色的鹖鸟特别好斗，不死不休，正是武士的榜样。早在战国时期，武士头上就插两根鹖尾，汉朝的虎贲军、羽林军也是在头上两边插鹖尾，到了唐朝，直接在冠上做了一只展翅俯冲的小鸟，即为鹖冠。唐柳宗元《送邠宁独孤书记赴辟命序》中载：“（杨朝晟）沉断壮勇，专志武力，出麾下，取主公之节钺而代之位，鹖冠者仰而荣之。”这里的鹖冠指代的就是武将。出土的唐三彩俑中，很多都是一文一武成对出现，文官戴进贤冠，武官则戴鹖冠。从结构上说，鹖冠与进贤冠非常相似，只是梁柱的部分换成了鸟形装饰件。

▲　头戴鹖冠的武官俑
① 子午莲（王岑）拍摄于陕西西安博物院；②～⑤ 张梦玥拍摄于河南博物院

鹖冠搭配的多为上衣下裳，外面加裲裆，有的则搭配上衣下裤的裤褶。裤褶就是上衣下裤，袖子、裤子都很宽大，不同等级官员穿不同颜色的上衣，裤子均为白色。裤褶是一种历史悠久的穿搭，先秦时期的资料显示，其最早是平民庶人劳动时的普通着装，也是王公贵族穿在里面的内衣。魏晋时期被达官贵人穿成了流行时尚，经过长时间的发展，在隋唐时期升格为礼服。但是，进入礼服系统中没过多久就被废除了。

裲裆是个独具特色的单品，让人看起来像是长了手脚的扑克牌。有布帛做的，也有皮革做的，前胸一块、后背一块，在肩头、腰侧连缀在一起。裲裆的起源有两种说法，一是从内衣而来，一是从戎装甲胄而来。这种背心一样的单品男女皆可穿，经过数百年发展，从民间、军中发展到宫廷，一度成为礼服配件。

► 鹖冠、裤褶推测图
根据《新唐书》、《旧唐书》、出土陶俑等资料综合推测，徐央绘

（三）头上架着屋梁的进贤冠

进贤冠也叫梁冠，不只在唐朝的官吏中很普及，从汉朝到明朝，都是官员的首服。虽然在后期被幞头系统的乌纱帽分走了大部分市场，但依然在文官的头上拥有一席之地，成为读书人的毕生追求。

◄ 头戴进贤冠的文官俑
①～④ 张梦玥拍摄于河南博物院
⑤ 引自周立、高虎《中国洛阳出土唐三彩全集》

进贤冠系统有很多分支和变化，唐代的进贤冠有着圆圆的耳朵、忽高忽低的介帻和展筒、清晰分明的三道梁柱。1971 年，陕西咸阳隋唐时期徐懋功（李勣）墓出土了一顶三梁进贤冠，冠径 19.5 厘米，高 23 厘米，上有皮革、鎏金铜叶等，制作技艺精湛。

▲ 进贤冠实物图
陕西咸阳礼泉县徐懋功墓出土

冠服也是拥有者身份和地位的证明，如唐朝名将李勣，在他的临终遗言中，就体现出对冠服的重视："惟以布装露车，载我棺柩，棺中敛以常服，惟加朝服一副，死倘有知，望着此奉见先帝。"（《旧唐书·列传十七》）他要求薄葬，但是唯独要求陪葬一套朝服，目的是用来拜见先帝。除了体现李勣的忠心耿耿，也佐证了在当时人们的心目中，冠服的地位之高。它不是单纯的上班制服，更是寄托精神和理想的载体。

► 进贤冠朝服推测图
根据《新唐书》《旧唐书》等资料绘制，其中部分细节参考《唐代文官武弁朝服服饰文化研究》一文，作者：胡泰华（九州牧），绘画：李翊。徐央绘

（四）疑点重重的进德冠

唐朝的服饰史料并不完整，太多的谜题有待考据研究。就拿文献上出现过几次的“进德冠”来说，唐刘肃《大唐新语·厘革》载：“至贞观八年，太宗初服翼善冠，赐贵官进德冠。”按道理讲，作为赐服之一的进德冠，礼仪等级很高，但是《新唐书·礼乐志》又说：“《承天乐》，舞四人，进德冠，紫袍，白裤。”可见乐舞生也在佩戴。

从文物来看，的确有一些陶俑所戴既不是进贤冠，也不是鹖冠，倒是跟有“制如幞头”“附山云”等描述的进德冠能够对应得上。所以推测这些唐俑戴的冠就是文献上的进德冠。

◀ 头戴进德冠的三彩俑
张梦玥拍摄于河南博物院

从“玉璂（qí）”“制如弁服”的线索来看，“进德冠”有可能是在尽量靠拢古制中的“弁冠”，但是又加入唐朝人的创新，所以才有这样独特的造型。

文献中很多篇幅都有记录，和进德冠搭配的有衣裳、裤褶、裲裆、圆领紫袍等，应用广泛，百搭无忌，对比博物馆展示的各类人俑，以上衣下裳为最多，裤褶其次，而圆领袍最次。

下图以河南博物院收藏的三彩俑为基础推测，官员头戴进德冠，上衣覆盖下裳，佩有蔽膝。但因三彩俑的色彩可能受材质烧制的影响，并不能反映真实的颜色，所以当时人们是否用绿色缘边的橘黄色上衣，搭配白色下裳作为礼服，还存在疑问，需要进一步考证。为谨慎起见，此处效果图改为绯色。

▲ 进德冠朝服推测图
根据河南博物院收藏的三彩俑绘制，徐央绘

除了以上这些比较重要和常见的冠服，还有各种颇具特色的款式。如皇子们戴的远游冠、执法官吏佩戴的獬豸冠等，林林总总，不一而足，每一种都是一个大类。实际上根据不同时期、不同等级，有各种细节差异、风格流变，无法道尽。

三、品类繁多的公服和常服

（一）轻一级的礼服——公服

等级在庄严、郑重的朝服之下的就是公服，也就是从省服。公服是官员日常拜访、处理公务、出席某些公共场合所穿的正装，也是正式礼服。打个比方，朝服相当于新娘子所穿的婚纱，而公服就相当于新娘子穿的敬酒服。同样是正式场合的礼仪着装，同样是非日常的礼服，但是敬酒服相对于婚纱来说，就要“轻”一些。

从省服与朝服的整体框架和结构一样，依然是上衣下裳，只是去掉了很多配饰，显得没有那么郑重其事，就像正式西装与休闲西装的区别。

（二）比公服再低一级的常服

比公服还要低一等级的，就是各种常服。如平巾帻加裤褶服，这通常是官员们骑马、陪驾时所穿的便于活动的正装，类似于皮夹克、军大衣等。

此外，普遍流行的常服还有圆领襕袍。其类似于现代的白衬衫加黑西裤，可以平时穿，也可以上班穿，出去玩时穿也没问题。所以圆领襕袍属于上下通行的基础款，也被纳入品级服色制度。

四、礼服的结构：上衣下裳

如上几类官员的礼服，无论等级高低，基本款式都是上衣下裳。下裳的形制有可能是整幅布料拼接打褶，整体像是帷幕的幕布，厚重而端庄，裙裾有一圈缘边，更显正式。围系在腰腹之上，自然形成下垂的褶皱，线条优雅，浑然天成。从祭服到公服，主体结构都没有发生大的改变，区别在于花色、材质等细节，这也是服饰传统性的体现。这种形制结构，往上溯源到殷商，往下流传到明代，充分体现了传统的稳定性。

以下是根据文献和文物资料推测的礼服图：

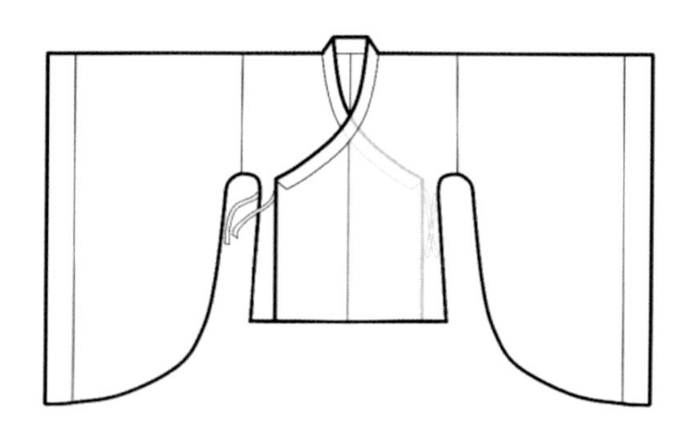

◄ 唐代男性礼服结构推测图之上衣　徐央绘

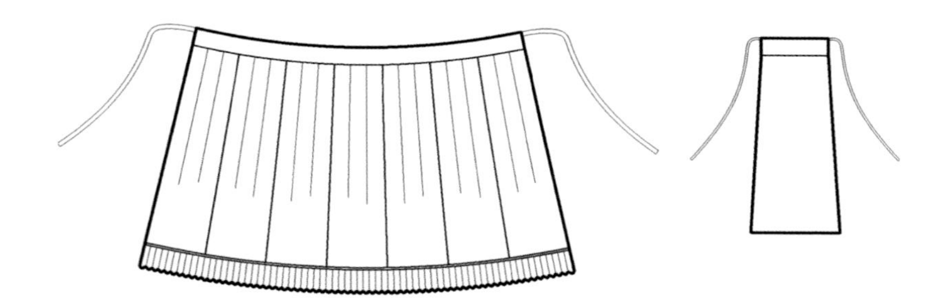

▲　唐代男性礼服结构推测图之下裳及蔽膝　空心砚绘

裳在形制上还有一种可能，就是根据文献记载的“前三后四”，即下裳分为前后两个部分，前面由三幅布料拼成，后面由四幅布料拼成，用裙腰连在一起。

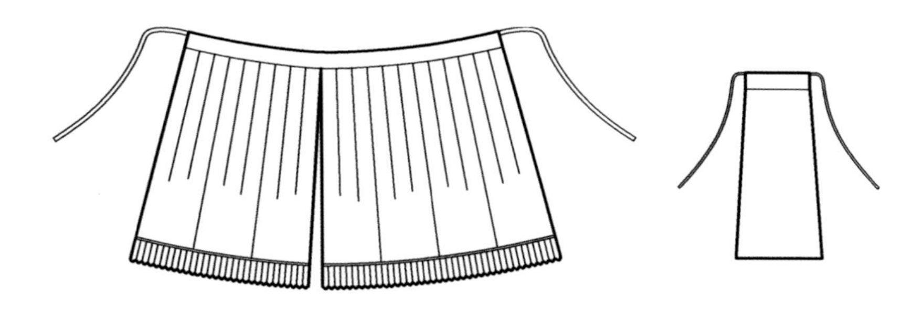

▲　唐代男性礼服结构推测图之下裳（前三后四）及蔽膝　空心砚绘

五、使用频率最高的日常服饰

在唐朝，两侧不开衩的圆领襕袍出场频率极高，适用范围极广。从宫廷的侍从、朝廷的官员，到边关的战士、市井的骚客，无论是在文献中还是文物上，都普遍流行、反复出现，以至说到唐装，我们的第一印象就是头戴幞头、身穿圆领袍、脚蹬六合靴的形象。这相当于今天把白衬衫扎进黑西裤的经典搭配，是所有唐朝男士的基本款，虽然礼仪层级比不上朝服、公服，但足以应付大半的社交场合了。

至于更加日常的圆领缺胯袍，对比今天的着装，就类似 T 恤、短裤，不在正装范畴之列。这种日常便装应用更广泛，贩夫走卒、三教九流，不分男女老幼，都可以穿。

六、颜色——辨别身份的重要信息

唐代服饰中还有很重要的一个点就是颜色。颜色有多重要呢？曾经有个轶事，充分说明了当时服色等级之森严。唐高宗时期，有个负责城市治安的洛阳尉柳诞，一天晚上上街巡逻，因为他穿了一身黄色圆领袍服，又没带证明身份的信物，被巡逻的衙役误认为是违反服饰颜色制度的平民百姓而痛打了一顿。

其实，在唐初，黄色还没有被皇家"垄断"，因为黄色染料的廉价易得，社会各阶层的人都在穿黄色袍服。1973 年吐鲁番阿斯塔那古墓群第 206 号墓出土的彩绘泥塑宦官俑，穿着的就是一件黄色花绫长袍。直到唐高宗总章年间（668—670），黄色才开始与皇权紧密绑定，并逐渐成为象征皇权的专用色。

在唐朝的不同时期，与官员等级挂钩的襕袍颜色有所微调，但是总体说来，服色等级从高到低依次是紫色、绯色、绿色、青色。

唐朝时用于衣服染色的紫色，是从紫草中提取的，紫草也作"茈（zǐ）草"。《尔雅·释草》中有记载："藐，茈草。"郭璞加的注释是："根可以染紫之草。"紫色作为一种"间色"，在唐代却是尊贵的颜色，高官大族都以得到"赐紫"而倍感荣耀。

绯色是红色的一种，指的是比较正的深红色。古老的植物染料中，茜草是染绯的主要来源。绯色也是比较尊贵的一种颜色。

至于绿色和青色，普及程度更高，仅次于素色，但相对来说没有那么尊贵。在古代，青指代的范围很广，深沉的指黑色，浅淡的指绿色，一般情况下，指代的是蓝色。

▲ ①～④ 不同颜色的襕袍　徐央绘

唐代用于染布的染料主要有两种，一种是植物染料，包括茜草、红花、山燕脂、栀子、郁金、桑科、木蓝、紫草、鼠曲草、乌桕、冬青等。另一种是矿物染料，主要有朱砂、石黄、石青、蜃灰、赭石等。除了常见的染料，唐苏鹗的《杜阳杂编》中还介绍了一些奇异的域外染料，如婆罗得、栎五倍子、猩猩血、紫胶、龙血、苏方、骨螺贝等，这些千奇百怪的染料从侧面可以印证大唐巨大的吸引力。尽管当时没有化工技术，但是服饰色彩依旧多彩绚烂、光耀千年。

七、华夏衣冠万变不离其“宗”

中华文明薪火相传，源远流长。古代纳入正史的《舆服志》常常从黄帝开始追溯。《旧唐书·舆服志》载：“昔黄帝造车服，为之屏蔽，上古简俭，未立等威。而三、五之君，不相沿习，乃改正朔，易服色，车有舆辂之别，服有裘冕之差，文之以染缋，饰之以絺绣，华虫象物，龙火分形，于是典章兴矣。”所谓历朝历代建立新政权时都要“易服色”，是指“改变衣服的花色和配饰”，而不是另外做一套服装形制体系出来。纵观中华上下数千年，除了清代，历代的服饰制度都是以“周礼”为蓝本，以华夏衣冠体系为基本框架建立和发展起来的。

华夏的汉服体系自然不是《舆服志》能概括的。《舆服志》绝大部分笔墨落在统治阶级的礼服盛装上面，但这仅是汉服体系的一部分，平民百姓的服饰才是汉服体系中最基本、最庞大的主体。对比《舆服志》的记载，平民百姓与帝王将相的服饰在基本形制上是一致的，差别在于面料、工艺和纹饰等。从敦煌壁画中可以看出，农夫、农妇们所穿的款式与统治阶级一致，也是齐胸衫裙、半臂加裤以及圆领交襟袍衫等。

◄ 农夫农妇的装束
甘肃酒泉榆林窟第 25 窟壁画局部

场景十七 打卡上班的官员们

天边的启明星渐渐隐退，晨露已经开始泛光。随着咚咚的鼓声，庐州刺史已穿戴好常服，开始了一天的工作。只见他身着襕袍，头戴幞头，腰上挂着鱼袋。伏案工作时，身前一堆案卷，案头放着盛放笏板的盒子。午饭吃罢，稍事休息，又起来上工。日落黄昏，晚衙结束后才回家休息。

一、鱼袋：官员们的“员工卡”

官吏也是打工人，既然要打卡上班，就要出示专门的“员工卡”，在唐朝时就是特别抢镜的鱼袋。鱼袋是官员朝服与公服上的一种佩饰，《旧唐书·舆服志》载，“自后（开元九年）恩制赐赏绯紫，例兼鱼袋，谓之章服”。

在观赏唐代壁画时，很多人误以为人物腰间悬挂的包包都是鱼袋，但其实它们很多是鞶（pán）囊或香囊。鱼袋由帛制作，专门用来盛放鱼符。初唐时期的鱼袋是一个布袋子，到了唐代中后期，改为长方形或椭圆形的木匣，外面包裹黑色的皮革，挂在革带上，以金银作装饰，具有很高的辨识度。

▲ ①②布帛式鱼袋
均为陕西咸阳礼泉县唐永徽二年（651）段简璧墓出土壁画局部
③④木匣式鱼袋
③陕西咸阳乾县唐神龙二年（706）章怀太子墓出土壁画局部
④引自陕西省考古研究所《唐惠庄太子李㧑墓发掘报告》

以前朝廷用来调兵遣将的兵符都是“虎符”，到了李渊执政时，为了避讳其祖父“李虎”名讳，改“虎符”为“鱼符”。

除了鱼的造型，还有乌龟造型，称作“龟袋”。因武则天认为“玄武为龟”，而玄武中含有武则天的姓氏，为吉祥之意，于是改内外官所佩鱼符为龟符，鱼袋为龟袋，三品以上用黄金制作。今天有一个指夫婿身份地位贵重的词语“金龟婿”，就是从武则天那个时候流传下来的。

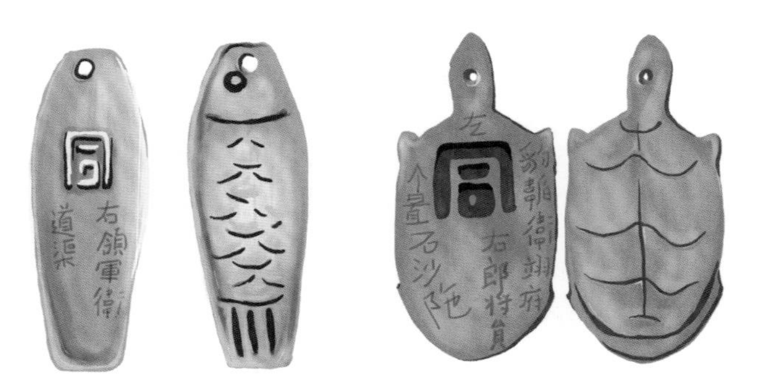

▲ 鱼符和龟符正反面示意图　徐央绘

二、笏板：汇报工作的笔记本

我们经常在电视剧里看到一群大臣双手拿着一块长条形的板，这个板叫作“笏板”。唐代笏板的形状长而略带弧度，一头宽，一头窄，持时窄头朝上。

《礼记·玉藻》中有：“凡有指画于君前，用笏；造受命于君前，则书于笏。笏毕用也，因饰焉。”大臣上朝时，手中的笏板是可以刻画书写文字的，基础功能就像现代的提词器或记事本，毕竟那个时代没有电脑投影仪，现场应答全靠脑袋记忆还是很考验功夫的。

笏板的特殊地位使其成为高官的代名词。唐朝著名诗人沈佺期在宦海中沉浮，留下了这样两句词，“身名已蒙齿录，袍笏未复牙绯”（《回波乐》），其中的“袍笏”就是指代做官。还有一则笏板的趣事，《旧唐书·崔义玄传》记载：“开元中，神庆子琳等皆至大官……每岁时家宴，组佩辉映，以一榻置笏，重叠于其上。”就是说崔家一家子都当官，怎么炫耀呢？他们将所持的笏板层层叠叠地摞在榻上，故意让人看见。

需要说明的是，笏板跟玉圭是两种东西，虽然都拿在手上，但是从形制到性质都是不同的。玉圭是上古时期重要的礼器之一，《史记·夏本纪》中说：“帝锡禹玄圭，以告成功于天下。”

场景十八　文人骚客的辩论会

长安城里的醉霄楼从来是文人墨客们的最爱，摆设着书籍、文具的雅间中，围桌而坐的知识分子们正在进行激烈的讨论。他们积极参与到古文运动中，致力于恢复古代的儒学道统，将改革文风与复兴儒学相结合。谈到韩愈、柳宗元倡导的“文以明道、文以载道、文以贯道”等主张时，更是慷慨激昂。

在如珠翠般琳琅的唐朝诗人宝库中，首先配得上庄周所说“逍遥”二字的应属李白了吧。你有没有想过，李白在吟诵“人生得意须尽欢，莫使金樽空对月”（《将进酒》）时穿的是什么，戴的又是什么？

以诗仙洒脱不羁的性情来说，当年士大夫的燕居服（居家服）更符合他的气质。根据敦煌莫高窟壁画中维摩诘的造型，我们可知当时的知识分子在休闲娱乐时会穿上衣下裳的服饰，外披大袖袍，头戴幅巾，腰系长带，既表达自己高古的情怀，又享受宽袍大袖的松弛感。

▲ ① 穿燕居服的士大夫
隋展子虔《授经图》，台北“故宫博物院”藏
② 披大袖袍的维摩诘形象
甘肃敦煌莫高窟第 103 窟《维摩诘经变》壁画局部
③ 身穿宽大上衣下裳的高士
河南洛阳出土唐高士宴乐纹嵌螺钿铜镜局部，中国国家博物馆藏

太白有着“十步杀一人”（《侠客行》）干脆利落的侠气，也有“天子呼来不上船”（唐杜甫《饮中八仙歌》）的傲然。考察当时的士大夫，以及佛家、道家修士们往往推崇淡泊宁远的雅致，推测他们应该身穿宽松的大袖交领上衣，密密打褶的下裳，再松松地系上长长的飘带，闲适地用巾帛裹住发髻。也许在某个夜晚，太白举起鹦鹉杯，望向明月，吟诵着“对影成三人”时，宽大的外套松松地从肩膀一侧滑落，长安的晚风拂动谪仙的衣带，皎皎的月光倒映在他的酒杯里，绣口一吐便是半个盛唐。

► 李白举着鹦鹉杯邀明月的想象图
徐央绘

场景十九　后宫女子们的剪彩活动

正月初七，在传统习俗中叫作“人日”，民众在这天剪彩为人，或镂金箔为人，称为“人胜”。剪好后或张贴观赏，或者作为首饰佩戴，以应节景。

皇后在初七这天组织后宫搞起了“剪彩”活动。这里的“剪彩”不是指今天开业酬宾的“剪彩”，而是剪纸。说到剪纸，后宫女子个个都是高手，在这种带有竞赛性质的项目上，自然也是“八仙过海，各显神通”，力求出奇制胜。她们所剪的，主要是花鸟虫鱼等自然纹样。

皇后也象征性地剪了一些，让侍女插戴到她的花树冠上。头冠上面是满满当当的宝钿和花树，一朵一朵的花儿微微摇晃，令人眼花缭乱。

皇后头戴金灿灿、明晃晃的花树冠，气场霸道，富贵逼人。可是，这上面并没有“凤”鸟，并不是现代人经常看到的“凤冠”，这是怎么回事呢？

一、湮没在历史长河中的花树冠

不同钿钗数量的花树冠，根据场合，对应不同花色的礼服。其中最贵重的是深青色的翟衣。宋朝和明朝均有皇后等贵族妇女穿翟衣的容像画，而翟衣及头冠，从周朝到明朝都有结构和程式上的传承关系，所以从中可以隐约追溯唐代的翟衣造型。需要说明的是，与翟衣系列配套的头冠，属于“礼服冠”类别，与后世常见的“凤冠”不同。根据当代学者陈诗宇《从花树冠到凤冠——隋唐至明代后妃命妇冠饰源流考》的考证，女性的“礼服冠”和“凤冠”大致是两条并行不悖的发展路线。宋代在唐代花树冠的基础上添加了龙凤元素，如“九龙四凤冠”，明代延续了宋代的礼服冠，如孝端显皇后的“九龙九凤冠”，均属于“礼服”系统。而后世由常服首饰升格而来的、著名的“凤冠霞帔”中的“凤冠”，基本模式是左右横簪、衔挑牌珠结，搭配大衫霞帔，跟花树冠不同，是另外一条发展脉络，属于“常服”系统。

从花树冠到龙凤冠，都是根据周礼设计而成的，属于同一个服饰体系，有着钿钗、花树、博鬓等共同的文化基因。只不过随着时代变迁，慢慢演变成明代蓝色主调的龙凤冠，导致隋唐时期金灿灿的“花树冠”款式长期湮没在历史长河中，被人遗忘。直到今天考古学发展之后，才从文物碎片中勾勒出隋唐花树冠的惊鸿身影。花树冠具有独特的风格，上承周汉，下启宋明，充分体现了大唐雍容华美的气质。

根据出土的隋朝萧后冠、李静训冠，唐朝裴氏冠等文物进行综合推测，花树冠整体为金色，装饰五色宝石。冠体呈覆钵状，框条做骨架，丝帛衬底，主体覆盖十二株大花树，每株上面有十二株小花树，间杂珍禽、人物、建筑等微雕零件。花树底座上有螺旋“弹簧”，随着行走轻轻摇动，这种设计有可能源于步摇。博鬓上排列花树，宝钿呈水滴状，珍珠缘边，包括蔽髻在内，用宝石装饰出复杂的花纹。而李静训的“闹蛾冠”，即便不是符合礼制的正式头冠，冠体上面的金枝玉叶也是花树的形态。

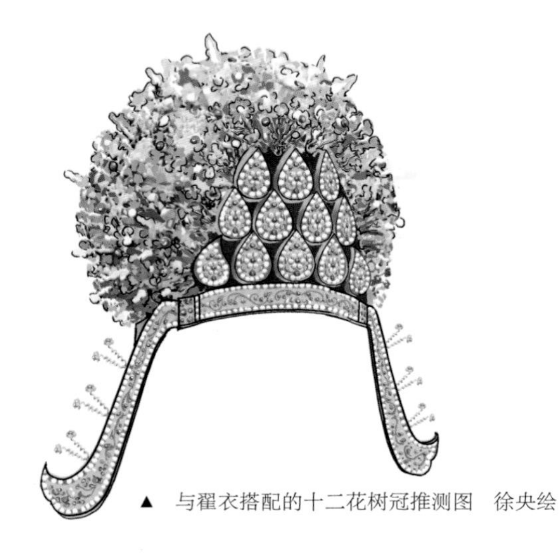

▲ 与翟衣搭配的十二花树冠推测图 徐央绘

▲ 隋朝李静训墓出土的花树冠残件
引自中国国家博物馆

二、翟衣：遍布五彩锦鸡的蓝色深衣

皇帝穿冕服时，皇后穿与之对应的翟衣，头戴花树冠。翟衣是贵族女性的礼服，因为上面有翟鸟纹样而得名。翟鸟，一般认为是红腹锦鸡，也有认为是环颈雉鸡，总的来说都是指五彩斑斓的长尾野鸡。

唐代的《舆服志》里面，贵族妇女礼服还有很多名目，如青衣、鞠衣、钿钗礼衣、花钗礼衣、大袖连裳等。服饰款式都是上衣下裳连属的深衣制，衣服上都有翟鸟纹，区别在首饰、颜色、翟纹多少等细节不同，对应的使用场合和使用者身份也不同。以钿钗礼衣为例，相对由花树、钿、钗、博鬓等配件组成的花树冠而言，头饰减省为钿、钗等配件，礼仪等级要低一些。

由于唐朝服饰资料凤毛麟角，文献和文物又不能完全对应，两唐书也给人们留下了很多谜团，甚至还有很多一不小心就会“踩坑”的“陷阱”。还以钿钗礼衣为例，它既不是敦煌壁画所显示的“裙衫帔”装束，也不是类似《簪花仕女图》那样的“抹胸裙”装束，而是花树冠配翟衣。实际上，《舆服志》规定的贵族妇女礼服基本都在深蓝色的深衣制框架内打转，即各种等级的花树冠搭配翟衣。文物里面常见的五颜六色隆重妆造，其实是贵妇们的华丽盛装，不是官方规定的礼服。

根据文献记载，翟衣的颜色是深青色、青色。参考敦煌壁画和历代翟衣容像，可以看出青色是一种偏向深蓝的色调。因为《舆服志》没有记载衣缘颜色，按照“纯衣纁袡（xūn rán）”的古制推测，衣裾应是纁色，有偏橙红色的边缘。衣上有十二排翟鸟，以环颈雉鸡为原型，体现青、赤、黄、白、黑五方正色。虽然有文献记载有可能是双鸟并列，但根据唐代历史图像显示，翟鸟都是单只出现，所以笔者推测唐代的翟鸟纹为单鸟。

由此推测出，唐朝皇后着翟衣时，里面穿的是朱红色缘边的素纱中单，中单领子上的花纹为黼纹。最里面穿的是曲领，袖缘和领缘应有花纹，但是在史料不清的情况下，此处暂以暗纹填充。有观点认为，根据唐代经幢构件石刻画中韦皇后的形象，应该加上“羽袖”。经笔者分析，该石刻画反映的装束中，韦皇后的个人色彩较浓厚，与礼制的翟衣记载差别较大，所以此处的效果图没有加羽袖。翟衣身前是蔽膝，有三排翟鸟纹，上面扎革带，下面垂大带，跟冕服相同，也是朱红色和绿色缘边。白玉制作的双佩左右各一，后绶为黑中带赤的玄色大绶。脚穿青色的袜子和黄金装饰的青色翘头舄。

▲ 单只翟鸟推测图
徐央绘

► 皇后翟衣造型推测图
根据《旧唐书》和文物综合推测绘制。由于资料不足，暂时没有画翟鸟之间的间轮，整体参考了宋明时期翟衣的满布式排列，并以人体中线为基准，推测了鸟头方向。徐央绘

三、上衣下裙的盛装造型

礼服毕竟是在正式的、隆重的场合所穿，有着配套的礼仪规范，所以礼服的应用次数是有限的。但是如果是比日常正规，但又达不到礼制规定的场合穿什么呢？那就要穿盛装。就像今天的人们去参加节日舞会、游园相亲一样，唐代女子也有访亲拜友、供奉佛像等社交需求，此时大家都会穿上漂亮、体面的盛装前往。

盛装没有礼制规范，自然是怎么好看怎么来。“玉蝉金雀三层插，翠髻高丛绿鬓虚”（唐王建《宫词一百首》），诗词描述并无虚夸。尽管盛装造型千姿百态，但是总体来说，“凤冠加裙衫帔”模式最具代表性。从唐代的壁画、女俑等文物可以窥见女性盛装的基本搭配程式：头戴一顶凤鸟造型的头冠，身穿宽袖上衣，齐胸长裙，肩披长帔，更显隆重华丽。这种搭配程式，传承到宋明，便演变成了著名的“凤冠霞帔”。

（一）凤冠

由常服首饰升级而来的凤冠，造型丰富多变，但大概模式有两种：一种是中间顶部为凤鸟造型，底部是发冠或发髻，左右横插长簪、长钗，垂珠结。

还有一种是中间为冠体，冠体前后插长簪，垂珠结。根据唐懿德太子墓石椁线刻中的女官形象，可以推测出这种凤冠造型。女官头戴的“轻金冠”用珍珠和玉石装饰，前后插入凤鸟簪，口衔珠结。

► 左右簪凤冠盛装效果图
徐央绘

► 前后簪凤冠盛装效果图
根据沈从文《中国古代服饰研究》对懿德太子墓石椁线刻中的女官形象的推测绘制，色彩纹样重新设计，徐央、龚如心绘

（二）宗室之女李倕的盛装形象

李倕是唐高祖李渊的玄孙女，无封号，也不是公主，下葬于开元二十四年（736），年仅二十五岁。从她的墓葬里出土了一套冠饰，礼仪等级较低，属于盛装而非礼服。但即便如此，该冠的精美与华丽也远超想象。陕西考古博物馆展出的头冠复原实物，一直都是人们关注的焦点。

▲ ① ② 李倕冠上装饰细节图　龚如心绘

► 李倕冠复原实物图
陕西西安唐开元二十四年（736）李倕墓出土，陕西考古博物馆藏
图片引自陕西省考古研究院．唐李倕墓发掘简报［J］．考古与文物，2015（6）：3-22.

唐朝人不仅头冠极尽精美，身部配饰也是精巧华贵，从李倕身上也可见一斑。其身体部分有三组配饰，一组位于胸部，是用珍珠密密串连而成的璎珞；另两组形制相同，是长长的腰佩垂饰，长度达 70 厘米。

▲ 李倕裙腰配饰细节图　龚如心绘

▲ 李倕下身配饰细节图　龚如心绘

李倕墓发掘之后，关于她的造型涌现出非常多的推测复原版本。本书根据考古报告，尝试做一个初步的推测：整体是“凤冠加裙衫帔”模式的盛装造型。开元时期，女子装束的廓形丰硕饱满，线条流畅圆润，猜测李倕的服饰也是这样的款式。袖子长而宽裕，披帛自前向后缠绕于胸前。齐胸的长裙，裙腰璎珞复杂华丽，前面下垂两条腰佩，身侧佩戴长长的组玉佩。

脸部妆容参考芙蓉妆，发型参考同时期陶俑的倭堕髻，头部两侧有着往后梳的蝉鬓，蝉鬓上面装饰插梳或花环，头顶佩戴发冠的主体部分。发冠主体用丝绸包裹、珠宝装饰，覆盖于发髻之上。翅膀形态的配件位于冠体前面，左右各一支珠宝装饰的发钗，横插于冠体两侧。

► 李倕服装造型推测图
徐央绘

场景二十 怎样才算长大成人呢？

小时候总盼着长大，想象自己将来做出一番事业的模样。男子行冠礼、女子行笄礼后便算是长大成人了。虽然有时生活并不像儿时所期盼的那样美好，但对未来的追求从不松懈。

世界上各民族都有自己的“成人礼”，呈现出缤纷多姿的景象。华夏历史上，儿童是“垂髫（tiáo）”，而成年男性是要束发戴冠（裹巾）的，久而久之，便形成了以“束发戴冠”为标志的成人礼。男子行冠礼，是流传数千年的礼俗文化。

在这里以士大夫冠礼为例介绍唐朝时成人礼的穿着。冠礼的仪式主要围绕“加冠”展开，一般来说是“三加”，即换三次衣服和首服。

第一次加冠加的是缁布冠。缁是黑色的意思，缁布就是黑色的布。《礼记·玉藻》云：“始冠，缁布冠，自诸侯下达，冠而敝之可也。玄冠朱组缨，天子之冠也。缁布冠缋缕（huì ruí），诸侯之冠也。” 缁布冠是非常早期的一种款式，源自先秦时期。虽然唐朝人平时不戴缁布冠，但还是会在人生重要的礼仪场合上佩戴，提醒一代代青年人自己的根之所在。一加搭配的服饰根据文献综合推断，上衣是黑色或青色，下裳为白色。

第二次加冠加的是进贤冠。这种款式也有着源远流长的历史，它源自缁布冠，在汉代就非常流行。冠体主要由下面的颜题、上面的展筒和梁，以及后面的耳组成。《后汉书·舆服志》对进贤冠的描述是：“进贤冠，古缁布冠也，文儒者之服也。前高七寸，后高三寸，长八寸。”二加搭配的服饰是上衣下裳的绛纱衣系列，以红色为主色调。

第三次加冠是根据身份加不同规格的冠冕：“一品之子以衮冕，二品之子以鷩冕，三品之子以毳冕，四品之子以絺冕，五品之子以玄冕，六品至于九品之子以爵弁”（《新唐书·礼乐志》）。身穿的服饰也与所戴的冠一样有相应等级，一般是上衣下裳的冕服系列，以玄衣纁裳为主色调。

今天人们如果行冠礼，可以重新调整和设计仪式，提取冠礼中的精髓内核即可，比如三加流程、祝词、长辈参与等，以期传承华夏思想中的修身之德、成人之责。

场景二十一 需要吟诗的迎亲现场

在选定好的良辰吉日的傍晚，新郎带着抬彩礼的队伍，浩浩荡荡地往女方家去了。只见新郎头戴黑色的爵弁，身穿深青色的大袖上衣，下穿带有黄色的红色下裳，以及与裳同色的蔽膝，内穿曲领的白色纱质中衣，外搭革带、玉佩、绶带，脚穿白袜红鞋。

这时的新娘正在深闺之中，穿戴着华丽的服饰，细细地梳妆打扮。与新郎服饰对应的是穿着上下连在一起的深青色大袖连裳，戴着蔽膝和玉佩。头上插戴各种花钗簪笄和金银珠宝。

新郎到了新娘家门口，却被挡在大院之外。新妇家的亲戚在门内发问："更深月朗，星斗齐明；不审何方贵客，侵夜得至门庭？" 新郎恭恭敬敬地回答："闻君高语，故来相投。窈窕淑女，君子好逑。"一来二去，女方用上了开门诗、灌酒、讨钱、锁门等各种捉弄手段后，终于让新郎进了老丈人家的正堂了。

进入正堂，新郎还要吟诵"催妆诗"，比如卢储的"昔年将去玉京游，第一仙人许状头。今日幸为秦晋会，早教鸾凤下妆楼。"（《催妆》）见到新娘，新郎还要吟诵"却扇诗"，比如李商隐的诗句："莫将画扇出帷来，遮掩春山滞上才。若道团圆似明月，此中须放桂花开。"（《代董秀才却扇》）

不会吟诗婚礼就可能无法继续，可见唐朝人对诗歌的热爱深入骨髓。

一、可以超越等级的新人服饰

新郎的穿着怎么跟前面说的帝王冕服很相似？一般家庭可以摄盛到这个地步吗？其实这不是皇帝穿的冕服，而是低等级的玄冕、爵弁服等。在《周礼》等相关文献的记载中，较低档次的冕服本来是士人阶层的礼服，但唐代继承先秦两汉以来的传统，在很多重大场合和礼仪活动中都采用这种"传统服饰制度"。唐宋时期，从皇帝到普通的士大夫阶层，都可以穿较低档次的冕服。直到元朝之后，冕服系列被局限在皇族范围，不再允许普通士人穿戴，于是在世人观念里，类似冕服的搭配程式变成了帝王的专属。所以在唐代，新郎穿低等级的冕服系列是很正常的事情。

◄ ① 新郎戴有冕旒的冕冠
甘肃敦煌莫高窟第 116 窟北壁壁画局部
② 新娘和伴娘的形象
甘肃敦煌莫高窟第 33 窟南壁壁画局部

二、礼俗交融的唐代婚服颜色

一般来说“礼”是官方的规定，“俗”是民间自发形成，自古两者相互影响，唐代婚礼中新娘、新郎所穿服饰也不例外。比如敦煌壁画上诸多新娘身穿青色婚服、新郎身穿绯色婚服，这种色彩就是礼制的规定，并深深地影响了民间的婚俗。但唐代并没有规定新娘一定要穿绿色，新郎一定要穿红色，甚至，古代并没有“婚礼服饰”这个特定分类，只是将吉服、命妇礼服等符合身份的礼服拿来在结婚当天穿着而已。

除了《舆服志》中的一些记载，实际上婚服并没有全国统一的款式。通过对比不同的史料发现，不同时期、不同地域、不同身份人群的婚服存在着多种范式，有的是新郎着圆领袍服、新娘着大袖襦裙，有的是新郎着绛纱袍服、新娘着凤冠加裙衫帔，有的新郎甚至佩戴冕冠……总之，原则就是穿自己最好的、最华丽的衣裳，尽可能向官服、礼服靠拢。

《舆服志》里面记载的是新娘子穿上衣下裳连在一起的深青色礼服，但是从壁画上看到的基本上是“裙衫帔”组合。可见《舆服志》体现的是国家意志的“礼”，而民间通行的是“俗”。“礼”和“俗”之间并没有绝对的壁垒，而是不断地相互影响、相互转化。

◄ 新娘穿着凤冠加“裙衫帔”套装，新郎穿着幞头加圆领袍衫的形象
甘肃敦煌莫高窟第 12 窟南壁壁画局部

在上面这张敦煌莫高窟的壁画上，新娘站立着拱手行礼，头戴凤鸟冠，身穿青色上衣，褐色长裙（裙子颜色可能受壁画褪色影响，并非原始色彩），肩膀搭配的是红白色的披帛。新郎跪伏在地上拱手行礼，头戴幞头，身穿深红色的圆领袍衫。可见，新娘、新郎的服饰各种款式、色彩都有。

▲ 庶人婚服综合推测图（非复原）
新娘着凤冠加裙衫帔，新郎着梁冠加公服，徐央绘

三、丰富多彩的婚礼服饰

唐朝幅员辽阔、文化多元，婚俗也极为丰富和复杂，无法一言道尽。用在婚礼上的服饰，也是博大精深、多姿多彩。

敦煌文书中还可见名为“襴（kè）裆”的上衣，常用紫绫、红锦、绿绫等较华丽的面料制成，并且往往与贴金衫子、画帔子、绫裙等成套组合穿着，也是一种可以作为结婚礼服的盛装上衣。《敦煌变文》有《脱衣诗》曰“襴裆两袖双鸦鸟，罗衣折叠入衣箱”，此诗为新人进入青庐后所咏唱，可见襴裆可作为新娘婚服。北宋初年，一份《邓家财礼目》中列了七套礼衣，其中有六套均为裙、襴裆、礼巾组成的“三事共一对”，对照敦煌壁画中描绘的晚唐至北宋时期的婚礼场景，襴裆应该是指华丽的大袖衣。

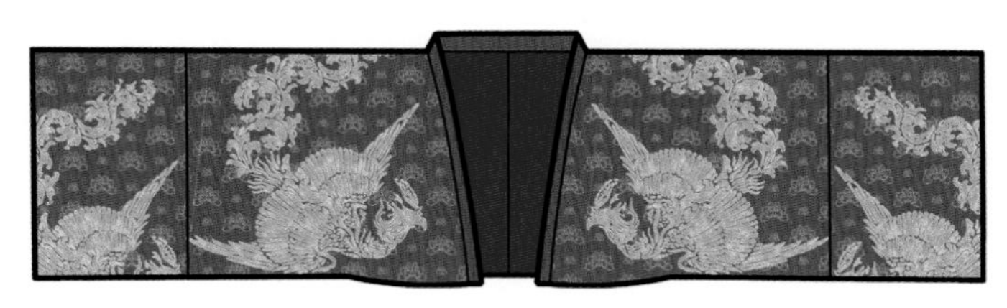

▲　襴裆效果图
形制根据左丘萌、末春《中国妆束：大唐女儿行》的考证以及法门寺出土实物绘制，
花纹根据敦煌文献中北宋初期的《邓家财礼目》和唐代凤纹重新设计绘制，徐央、木月绘

常与襴裆搭配的绫裙整体为绿色，面料多选用轻柔顺滑又具垂坠感的丝绫。婚服上搭配的帔子，比起披帛来说，更为宽大，更为隆重，可以作为披肩使用，有时候看起来甚至像是一件短上衣。帔子的装饰性极强，有的是刺绣，有的是印染，还有的是手绘上去的图案。

与之相对应的新郎装束，也同样丰富多彩，不同时期、不同地域有着各自的特色，难以一言以蔽之。

▲　帔子效果图
根据唐代纹样重新设计绘制，徐央、木月绘

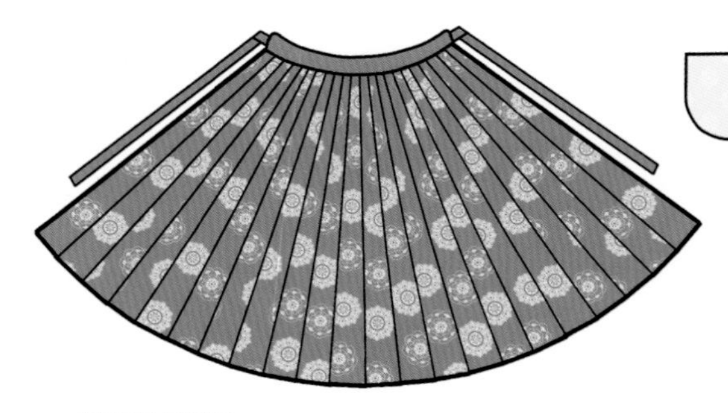

▲　绿绫裙效果图
根据唐代纹样重新设计绘制，徐央、木月绘

四、现代唐风婚礼服饰

悠悠千年，绵绵传承。在今天，很多青年重拾古代的婚礼传统，采用“汉婚”流程和形式，为自己人生大事留下美好的回忆。其中比较流行的是唐风婚礼，以热烈华美的服饰和妆容重现唐朝魅力。

现代唐风婚礼礼服突出个性，以呈现完美的现场视觉效果为主要目的，而不是偏向复原。比如新娘的服装多为抹胸长裙加大袖开衩长衫，花纹往往是富丽堂皇的宝相花、凤鸟纹，色调是艳丽的大红色。发型仿陶俑的高耸发髻，插戴金银花钗，有的还要再加一朵硕大的牡丹头花。手持团扇，脚踏绣履，款款走来的是今天的人们对传统文化的深切热爱。

◄ 现代唐风婚礼中的新娘形象
妆发：徐向珍
模特：喝大碗
头饰：静尘轩
服装：衔泥小筑传统服饰
摄影：徐向珍
修图：爱神
饰品：静尘轩

第六章

社会潮流时尚风

场景二十二　女扮男装最飒休闲风

唐高宗时，一场内廷宴会上，乐舞声起，太平公主一袭男式紫色袍衫缓缓走来。她头戴皂罗折上巾，腰悬蹀躞带，且歌且舞，宛如翩翩少年郎。主位上的高宗和武后相视一笑，道："我们的女儿是要去做武将吗？"

一、唐朝女性中的"男装大佬"们

从文献资料以及考古发现来看，唐朝"女着男装"的现象十分流行，甚至成为当时的风尚。现有文献中的代表人物是太平公主。《新唐书·五行志》中有记载："高宗尝内宴，太平公主紫衫、玉带、皂罗折上巾，具纷砺七事，歌舞于帝前，帝与武后笑曰：'女子不可为武官，何为此装束？'"

但是，结合考古发现可知，太平公主并非唐代女着男装第一人。永徽二年（651）的段简璧墓中出土了迄今为止最早的唐朝"女着男装"实物资料。张萱《虢国夫人游春图》、周昉《内人双陆图》中也有女性穿着窄袖袍衫、戴幞头但是依然梳女性发髻的形象。

► 男装侍女形象
陕西咸阳礼泉县唐永徽二年（651）段简璧墓出土壁画局部

◂ ① ② 女穿男装形象
唐周昉《内人双陆图》局部

除考古资料外，唐代传奇小说中也有不少女着男装的描写，如《虬髯客传》中红拂女“雄服乘马”，《谢小娥传》中有“小娥便为男子服”。

唐高宗时期，女子着男装时的装束完全与男子相同。她们大多头戴幞头，身穿圆领袍衫，腰系蹀躞带，下身配上条纹裤。彼时圆领袍的长度一般过膝但不及脚面。不过也有一些女性在穿着男装时直接梳着女性流行的发髻。从武则天统治时期到唐玄宗开元年间，女子着男装也随潮流不断推陈出新，款式也越来越多。

天宝年间（742—756），男装的圆领袍愈加肥大，同时长度逐渐到脚面。这一时期，女子男装的风尚从皇室贵族渐渐扩展到民间。《大唐新语》载：“天宝中，士流之妻，或衣丈夫服，靴衫鞭帽，内外一贯矣。”安史之乱后，女着男装现象逐渐减少。

▲ 盛唐时期着圆领缺胯袍衫的女子形象
根据新疆吐鲁番阿斯塔那第 187 号墓出土《双人仕女图》摹绘，徐央绘

二、女子骑马穿的运动装

唐代张萱《虢国夫人游春图》中出现了三位身着男装的女性形象。她们身穿圆领袍，头戴幞头，足蹬长靴，飒爽而挺拔。其实这样的着装很常见，现代的衣服也要分生活装和运动装嘛。

一般来说，人们骑马时常穿两边开衩的缺胯圆领袍衫，下面搭配长裤，这样的搭配便于上下马。汉代深衣就有开衩的设计，到了隋唐时期，两侧开衩的衣服大规模流行。

► 着男装骑马的女性形象
唐张萱《虢国夫人游春图》局部

三、抹额：男装搭配神器

抹额早期主要用于在严寒的天气里对前额进行保暖，秦汉时期亦应用于军中，以区分不同部队。

到了唐朝，抹额的应用范围更加广泛。唐朝的抹额主要有两种：第一种即所谓军容抹额，也就是前文提到的“袹首”，主要由男性武士和乐舞表演者佩戴，在佩戴时将宽窄均匀的布帛从后向前在前额上方打结；第二种抹额前部为长方形带状，两侧和后方则由绳打结固定，这一种主要是男装侍女佩戴，比较典型的如陕西咸阳段简璧墓壁画上的戴抹额的男装侍女形象，以及韦贵妃墓和安元寿墓壁画的男装侍女形象。

◄ 戴抹额的男装侍女形象
①陕西咸阳礼泉县唐乾封二年（667）韦贵妃墓壁画局部
②陕西咸阳礼泉县唐永淳二年（683）安元寿墓壁画局部

唐 场景二十三 宴饮聚会弹琴唱歌的男女们

德高望重的国子监祭酒生日适逢休沐日，于是向亲近的同僚友人发了举办宴会的帖子。日头偏西，收到帖子的客人们陆续来到主人家，奉上贺礼依次落座。

少时，宴会开始。先出场的舞者身着长裙，披羽衣，舞蹈时丝带飘摇，环佩叮当，这是著名的霓裳羽衣舞。一曲舞罢，舞者退场。在羯鼓声里，另外几名舞者出场，旋转蹬踏，千圈万周转个不停，这是胡旋舞。两支舞罢，主人执杯，先歌再饮，向来宾一一敬酒，客人们也依次回敬。歌声不断，气氛更加热烈，主人情不自禁开始舞蹈，并邀请每一位客人都参与到舞蹈中来。客人们欣然应允，其中几人选择了流行很多年的“拍张舞”，也有客人选择“踏歌”，一时间宾主尽欢。

一、唐朝乐舞演出穿什么

唐朝人在宴会上常常会观赏歌舞，但跳舞的并不一定都是专业的舞者，唐朝及以前的贵族男子在宴饮等场合跳舞是十分常见的，甚至在上常朝和大朝时都会涉及蹈舞礼（或称拜舞礼）等环节。贵族家庭的子弟从小就要接受歌舞方面的训练。

唐朝从西域传入的柘枝舞和胡旋舞是比较有代表性的健舞。张祜《周员外席上观柘枝》中记载柘枝舞衣为“金丝蹙雾红衫薄，银蔓垂花紫带长”，《观杨瑗柘枝》中亦有描写：“促叠蛮鼍引柘枝，卷帘虚帽带交垂。紫罗衫宛蹲身处，红锦靴柔踏节时。”从中大概可以推断出柘枝舞舞者的服饰：上身穿着颜色鲜艳的窄袖罗衫，腰垂长丝带，头戴卷檐帽，帽上缀有珠串铃铛，可以随着舞步发出声响。胡旋舞的舞者在表演时穿着鲜艳的长裙，头戴金银饰品并缀有长的纱巾，在快速旋转舞蹈时产生让人眼花缭乱的感觉。

► ① 据推测为柘枝舞者形象
唐兴福寺残碑石刻局部，陕西西安碑林博物馆藏
② 据推测为胡旋舞者形象
甘肃敦煌莫高窟第 220 窟北壁壁画局部

唐朝乐舞在《新唐书》中被分为立奏的立部伎和坐奏的坐部伎。产生于本土的舞蹈有展现建立大唐社稷、开疆拓土的战争场面的《破阵乐》，帝王朝贺、祭祀天地等大典所用的《上元乐》，以及被称为魏晋至隋唐俗乐舞代表的《清商乐》等。在这些乐舞中，参与者的服装主要与乐舞展现的主题相关，起到气氛烘托的作用。

▲　唐初乐舞场景
《过去现在因果经》局部，日本奈良国立博物馆藏，王梓璇摹绘

▲　盛唐乐舞服饰造型
陕西西安唐玄宗开元年间韩休墓壁画局部描摹图，王梓璇绘

二、鸟儿冠：独特的风华

女子戴凤冠、花冠已经不稀奇，但是直接戴鸟冠，还是比较有时代特色的。作为首服的鸟儿冠是整体戴在头上的，与插在发髻上作为装饰的钗子或者步摇有区别。《通典 · 乐六》中有：“光圣乐，玄宗所造也。舞者八十人，鸟冠，五彩画衣。”《太平御览 · 乐部六》记载：“《鸟歌万岁乐》，武太后所造。时宫中养鸟能人言，又常称万岁，为乐以象之。舞三人，绯大袖，并画鸲鹆（qú yù），冠作鸟象。”

►　戴鸟儿冠的骑马伎乐女俑
陕西西安唐开元十二年（724）金乡县主墓出土，陕西西安博物院藏，图片来源：鸩羽千夜

从文献记录来看，鸟儿冠的受众可能更多的是乐舞表演者。现存文物中，陕西西安的唐金乡县主墓出土的骑马伎乐女俑头戴孔雀冠，双手击鼓；河南洛阳博物馆藏三彩女俑头戴鹦鹉冠，双手舞动。

鸟儿冠的另一部分受众大概是侍女。如北京故宫博物院藏三彩女坐俑左手上栖息着一只小鸟，美国波士顿美术馆藏三彩女坐俑手持如意。从手持的物品来看，她们的身份应是侍女，而不是贵族阶层。

▲ 三彩鹦鹉髻冠女俑
河南洛阳博物馆藏
图片引自张彬．冠作鸟象：唐代女子首服“鸟冠”考释［J］．艺术设计研究，2022（01）：31-37.

▲ 唐三彩女坐俑
徐杰摄于北京故宫博物院

▲ 三彩女坐俑
美国波士顿美术馆藏
图片引自张彬．冠作鸟象：唐代女子首服“鸟冠”考释［J］．艺术设计研究，2022（01）：31-37.

三、三角衣片：历史的新生

在唐朝女性舞蹈服饰中有一种较为常见的元素——三角衣片，这是一种十分能体现华夏衣冠体系发展演变路径的元素。三角衣片是指下裳露出的三角形衣片，这一元素在古代文献中提到的袿衣、纤髾（shāo）杂裾等款式中均有出现。西汉及以前应该是穿出来的效果，层层叠叠如同燕尾，后来人们开始刻意将布料裁剪出三角形状。大约东汉之后，这一元素变成裙裳的装饰物。

▲　下摆呈燕尾交叉状的曳地袍服
湖南长沙陈家大山楚墓出土帛画《人物龙凤图》局部

▲　从下摆延伸出尖角飘带的形象
东晋顾恺之《列女仁智图》（宋摹本）局部

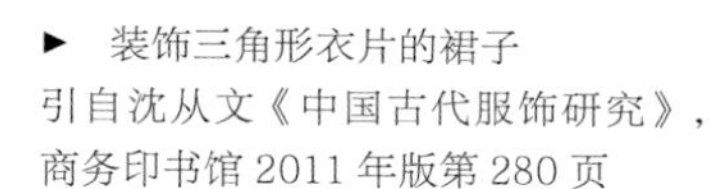

►　装饰三角形衣片的裙子
引自沈从文《中国古代服饰研究》，商务印书馆 2011 年版第 280 页

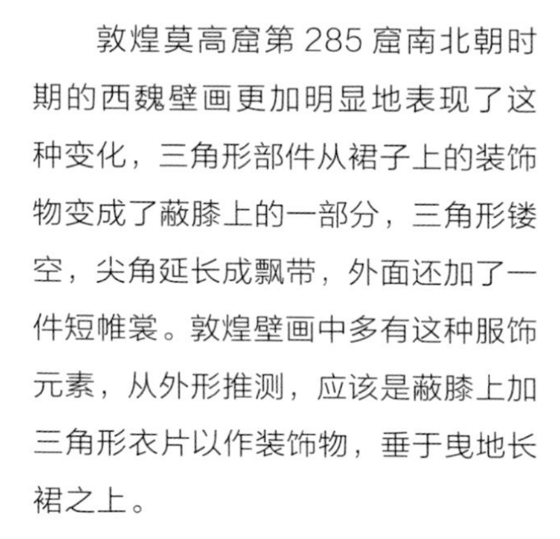

敦煌莫高窟第 285 窟南北朝时期的西魏壁画更加明显地表现了这种变化，三角形部件从裙子上的装饰物变成了蔽膝上的一部分，三角形镂空，尖角延长成飘带，外面还加了一件短帷裳。敦煌壁画中多有这种服饰元素，从外形推测，应该是蔽膝上加三角形衣片以作装饰物，垂于曳地长裙之上。

►　蔽膝上有三角形衣片的西魏女供养人
甘肃敦煌莫高窟第 285 窟北壁壁画局部

在尚未有考古学科的唐代，人们只依稀记得以前的服饰下半部分有“尖角”的特征，所以根据自己的理解，在蔽膝上加三角形衣片来做出“仿古”的形式，但他们只知道表面形状而不知真实结构，于是产生了多种多样的变化形式。这种仿古服饰造型独特，颇具美感，在后世也有流传。从出土的唐女舞俑可以看出，舞蹈服饰整体呈上衣下裳的结构，蔽膝上加三角形的装饰物，腰部加短帷裳，层次丰富优美。

► 蔽膝加三角形衣片的舞女形象
根据出土陶俑形象综合推测绘制，徐央绘

总结来说，从古及今，三角衣片的特征大致经历了以下变化：先秦及西汉时期为深衣衽角，是深衣穿着之后形成的外部形态，可以看作是二次成型后的特点；东汉开始变成袍服下摆部分的形状，是通过裁剪的方式来体现，而非通过穿着的方式；南北朝早期，专门裁制出三角形的衣片，缝制在下裳上面，成为一种纯粹的装饰物；到南北朝晚期及以后，变成了蔽膝上的装饰物；再往后，这种早期贵族礼服上的特征，逐渐演变成装饰画作中神仙的装束和舞蹈服饰的衣片，其形制及应用范围都发生了巨大的变化。

场景二十四　戴帷帽逛街的姑娘们

仲春时节，天气还没有完全暖和起来，有柔柔的阳光和柔柔的风，各家的小姑娘们已经陆续上街置办裁夏装的布料和首饰了。出门的姑娘们戴着高顶的帷帽，帽檐上的纱网垂至脖颈，既遮阳又防风。随行的侍女挎着一个不大的包，装着采买所需的钱和一些常用的小物件。

一、幂篱和帷帽：唐代女生的防晒神器

幂篱应当是在北朝末年从西域传入中原的，样式的主要特征是遮蔽全身。幂篱在西域以及其他地区主要承担防晒、防风沙等实用性功能。在传入中原之后，除了原本的功能，还增加了遮蔽身体、防止面容被窥视的作用。但是，戴着长长的幂篱无论是骑马还是步行都很不方便，因而幂篱在中原流行的时间较短。

▲ 幂篱示意图　徐央、练婉君绘

在幂篱的基础上改进形成的帷帽，在唐初更加流行。帷帽“拖裙到颈，渐为浅露”（《旧唐书·舆服志》），不再像幂篱一样遮蔽全身。唐高宗为此专门下旨禁止戴帷帽，但是社会风尚不是一纸政策所能控制的，在武周前后，《旧唐书·舆服志》中的记录是“帷帽大行，幂篱渐息”。

我们现在所知的帷帽主要有三种类型：第一种最为典型，高顶宽檐，帽檐下缀丝网，垂至脖颈；第二种是在常见的布帛制成的软帽上加一顶斗笠；第三种是没有帽檐的软帽，帽巾下垂到脖颈，脖颈前也有遮挡。这种类型的帷帽中也有脖颈前没有遮挡的款式，其实用性已经明显减弱，装饰性反而加强。

◀ ① 彩绘戴帷帽骑马侍女俑（第一种）新疆吐鲁番阿斯塔那 216 号墓出土，新疆维吾尔自治区博物馆藏

◀ ② 彩绘釉陶帷帽骑马女俑（第二种）陕西咸阳礼泉县唐麟德元年（664）郑仁泰墓出土，陕西历史博物馆藏

◀ ③ 彩绘釉陶骑马女俑（第三种）陕西咸阳礼泉县唐麟德元年（664）郑仁泰墓出土，陕西昭陵博物馆藏

到了开元初年，随着社会风气的进一步开放，帷帽被各种胡帽所替代，女性出门也可以“靓妆露面，无复障蔽”，甚至可以“露髻驰骋”（《旧唐书·舆服志》），不戴任何冠帽。

二、百搭时尚的包包

位于新疆维吾尔自治区和田地区民丰县的尼雅遗址，为两汉、魏晋时期的精绝国遗址，出土了一些颜色鲜艳的小锦袋，袋内装着铜镜、胭脂还有一些女红用品。不过这些锦袋比较小，带子也比较短，应当是悬挂在腰际的，无法挂在手臂或者肩膀上。

▲ 锦袋
新疆和田民丰县尼雅遗址 1 号墓出土

到了北朝时期，壁画上就已经有挎包形象出现了。山西忻州九原岗北朝墓葬壁画上的小包就是棱角分明的长方体，挎在人物的肩膀上。

在出土文物中，挎包的女性形象比较普遍，包的款式也比较多样。在衣裙上不单独缝口袋的情况下，包在承担实用功能的同时，也有装饰的作用。最为人所知的唐代包形象大概要属敦煌莫高窟第 17 窟晚唐壁画上近事女所携带的包。近事女也叫优婆夷，是受持五戒，在家奉佛的女子。画面中，女子一手持杖，一手握巾，把随身携带的包挂在树枝上。这个包体积比较大，看起来应该是用相对柔软的布料制成，还加上了带有红色花纹装饰的三叶形翻盖，包带是适合挎在手臂上的长度，款式完全不输现在的大牌包。

在唐朝，挎包并不是女性的专属。陕西西安博物院藏的唐代胡人背包俑就呈现了一位强壮的男性斜挎着一个半圆形包的形象。

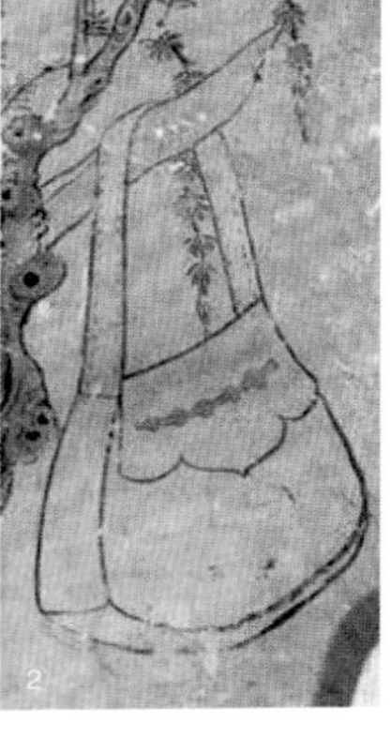

◄ ① 肩膀上挎小包的人物形象
山西忻州九原岗北朝墓壁画局部
② 挎包
甘肃敦煌莫高窟第 17 窟壁画局部

► 胡人背包俑
陕西西安东郊韩森寨红旗电机厂盛唐墓出土，图片引自葛承雍．中古壁画与陶塑再现的挎包女性形象[J]．故宫博物院院刊，2020(01)：47-55.

第七章

弄妆梳洗，过节的仪式感

场景二十五　上巳节少女游春

开春后，姐妹们最重要的聚会当属上巳节的帷幄宴了。韦三娘早早上街购置了今春新上市的“迎蝶粉”，想着当日必会玩到日暮时分，为使自己的粉脸儿更晶莹透亮，添了些银子，叮嘱店家额外加了些金箔云母粉。是日，她一早起来穿戴停当，坐在菱花镜前，细匀妆粉，轻描蛾眉，浅梳云鬓如蝉翼，重施胭脂呈红妆。软软春风轻拂过，施施然出得门去，与姐妹们相见。

一、不断精进的妆粉

唐朝的姑娘们也有各种各样的化妆品，彼时的化妆品原材料以植物和天然矿物为主。跟今天的化妆需求一样，化妆程序中最重要的是打底。当时打底用的白色妆粉可是十分讲究的，主要有铅粉和米粉两类。

► 白色妆粉打底的妆容效果
妆发：王宁，模特：未书，头饰：皇家传承，服装：陈润熙工作室，摄影 / 后期：散散

铅粉，古称胡粉，有固体的，也有糊状的。汉刘熙《释名·释首饰》中载："胡粉：胡，糊也，脂合以涂面也。"铅粉洁白细腻，但有毒，用久了会损伤皮肤，形成沉淀，使脸色发青。所以后来有了以粱米或粟米为主料的"英粉"。北魏贾思勰编著的综合性农书《齐民要术》中"作紫粉法"说米粉"不著胡粉，不著人面"，意思是说制作粉底时如果只加米粉不掺入胡粉，就不容易牢固地附着于人的面部。这也许就是美的代价。

唐代妆粉的精加工技术已经炉火纯青，不仅能增白，还能通过额外加入各种辅料，起到止汗、添香、护肤的作用。更有甚者，加入云母、金银箔细粉，让妆面闪闪发光。除此以外，还有一种更厉害的做法。唐崔令钦在《教坊记》中记载："庞三娘善歌舞，其舞颇脚重，然特工装束。又有年，面多皱，贴以轻纱，杂用云母和粉蜜涂之，遂若少容。"就是说，庞三娘先用轻纱贴在皮肤上，再用云母细粉、妆粉、蜜混合涂抹，化妆后容颜宛若少女，可见化妆技术之高超，她若生活在现代，妥妥是当红美妆博主了。

唐朝的美女们用什么涂抹上妆呢？自然是粉扑。古人也称粉扑为香绵、绵扑，其为丝绵材质，轻柔又具吸附力。

二、丰富多彩的彩妆用品

唐朝的彩妆化妆品主要有胭脂、眉黛和口脂三种。最早的天然红色化妆颜料是赤铁矿粉，后来改用朱砂。大约到了汉代，人们开始种植并提取红蓝花汁做成化妆品胭脂，一经推出，广受欢迎。胭脂又称燕脂或焉支，在唐朝已成为主要的化妆材料。

眉黛大概可以对标现在的眉笔或者眉粉。在螺子黛还未出现时，画眉主要用一种矿物质"石黛"，将其磨成粉后质地轻盈细滑。隋炀帝时期，最早的进口化妆品——螺子黛终于从波斯进入中国。唐冯贽在《南部烟花记》中言："炀帝宫中争画长蛾，司宫吏日给螺子黛五斛，出波斯国。"王公贵族用奢侈品螺子黛，普通人则可以用铜黛、石墨、烟墨、灯花等。唐司空图《灯花三首》诗中"剪得灯花自扫眉"说的就是用灯芯画眉，也是极浪漫的事。

唐代的口脂可以对标现在的口红或者唇釉。当时使用较多的是圆条状红口脂。唐杜甫《腊日》诗中说"口脂面药随恩泽，翠管银罂下九霄"，其中"翠管"指的就是装口脂用的玉石类或者象牙雕的管状容器。唐元稹《莺莺传》里张生赠礼物给莺莺就有"花胜一合，口脂五寸"。也有用胭脂点唇的，唐白居易《和梦游春诗一百韵》中"朱唇素指匀，粉汗红绵扑"说的就是用手指沾胭脂，轻轻点抹于唇。

口脂不仅香味浓郁，色彩也极丰富。唐代医学家王焘《外台秘要》记载崔氏烧甲煎香泽合口脂方，就有紫色、肉色、朱红三色。唐诗中描述过的就有朱唇、猩唇、绛唇、桃唇、樱唇、檀唇、紫唇等，色彩不同，深浅有别。颜色多样的口脂既可以表现季节变换的不同佳韵，又能表达出或热烈缱绻或恬淡雅适的不同心境，供时髦女郎们随心选择。

▶ 画彩妆的女子形象
模特：未书，妆发 / 摄影：徐向珍，后期：爱神

三、极具巧思的花钿

唐代的面妆中，花钿无疑是最浓墨重彩的一笔。花钿也称花子，无论色彩还是材质都极为丰富。有一种花钿是用昆虫翅膀制作的，宋陶穀《清异录》中记载："后唐宫人或网获蜻蜓，爱其翠薄，遂以描金笔涂翅，作小折枝花子，金线笼贮养之，尔后上元卖花者取象为之，售于游女。"也有根据图案需要染上各种颜色的花钿，最为精致的当属"翠钿"。它以翠羽制成，呈青绿色，暗光熠熠，清新雅致。"脸上金霞细，眉间翠钿深"（唐温庭筠《南歌子·脸上金霞细》），"寻思往日椒房宠，泪湿衣襟损翠钿"（五代张太华《葬后见形诗》），"翠钿金缕镇眉心"（唐张泌《浣溪沙·其七》）等都提到了这一类花钿。

至于花子的形状，也是一个流行风向标。简易时，可以是水滴形或者圆点；繁复夸张时，几乎布满整个额头；华丽时，可以用金银珠宝来制作，不一而足。

◀ 额头有花钿的仕女形象
① 新疆吐鲁番阿斯塔那唐墓出土绢画局部
② 新疆吐鲁番阿斯塔那唐墓出土木俑局部

场景二十六　清明寒食节出门踏青

佳节清明桃花笑，三娘约好要给好姐妹送彩蛋。洗漱完，草草吃过冷粿子，开始梳妆。今日服色轻浅，三娘决定画个桃花妆。遂取出前些天新买的妆粉、云母粉，置于掌心，稍稍调了些许蜜，细细揉匀，借着掌温顺势抹于脸颊，没想竟比平日更加服帖均匀。还有些许余粉，刚好够脖颈与耳郭的过渡与衔接。从眼角开始往脸颊浅浅晕染一层胭脂，宛如新开的桃花。与桃花妆最相配的当然是弯弯细细的柳叶新眉了，真是桃花如面柳如眉。

唐代女孩子的化妆工序十分精细，大致可包括如下步骤。

一、傅粉

上妆时，先用绵扑取粉，自淡而浓、自薄至厚，慢慢逐次叠加，还不能忘记在耳朵和脖颈处也涂上白粉。

二、匀脂

傅粉完成后，用胭脂来增气色，使面色红润，更具立体感。以现代眼光审视唐代妆容，大部分属于重妆，色彩强烈鲜艳，正如那个时代的绚烂。

三、描眉

唐代妆容中，不仅胭脂颜色丰富多彩，眉形更是多种多样，丰富而充满创意的形态空前绝后。与如今着重眼影、眼线、睫毛的化妆方式不同，唐代妆容重眉不重眼。“却嫌脂粉污颜色，淡扫蛾眉朝至尊”（唐张祜《集灵台·其二》），杨贵妃的姐姐虢国夫人自恃天生丽质，无须浓妆艳抹，但是，妆可以不画，眉毛不能不描。由此可见画眉对大唐女子的重要性。

唐玄宗还曾令画工画《十眉图》：“一曰鸳鸯眉，又名八字眉；二曰小山眉，又名远山眉；三曰五岳眉；四曰三峰眉；五曰垂珠眉；六曰月棱眉，又名却月眉；七曰分梢眉；八曰逐烟眉，又名涵烟眉；九曰拂云眉，又名横烟眉；十曰倒晕眉”（明杨慎《丹铅续录·十眉图》）。

亦有大量唐代诗歌描写女子眉毛，如赵鸾鸾“弯弯柳叶愁边戏，湛湛菱花照处频。妩媚不烦螺子黛，春山画出自精神。”（《柳眉》），白居易“芙蓉如面柳如眉，对此如何不泪垂”（《长恨歌》），元稹“莫画长眉画短眉，斜红伤竖莫伤垂”（《有所教》），温庭筠“懒起画蛾眉，弄妆梳洗迟”（《菩萨蛮·小山重叠金明灭》）等。比较著名的眉形有如下几种。

1. 蛾眉

蛾眉如飞蛾触须一样细长弯曲。这种眉形自带一种纤弱、含蓄的温柔感。画眉时讲究深浅过渡，一般眉头画得深，眉尾画得浅。唐白居易在《长相思·深画眉》中说：“深画眉，浅画眉，蝉鬓鬅鬙（péng sēng）云满衣。”可以说它是千年来最让人印象深刻的眉形样式。

2. 柳叶眉

画成柳叶一样的眉毛，也可以称为“柳眉”。唐王衍在《甘州曲》中有：“柳眉桃脸不胜春”的描写。

3. 月棱眉

月棱眉也叫“新月眉”，比柳叶眉略宽略长，形状弯曲如新月，又名“却月眉”。月眉两端尖尖，颜色浓重。

▲ 蛾眉

▲ 柳叶眉

▲ 月棱眉

4. 阔眉

武周至开元时期流行长、阔、浓、上扬的眉形，形态张扬，极富存在感。

5. 八字眉

著名的“元和时世妆”三件套，即乌唇、椎髻、八字眉。八字眉起源于汉代，于中唐时期再度受到广泛欢迎。在唐周昉《挥扇仕女图》中可以清晰地看到八字低眉。

6. 桂叶眉

桂叶眉形如两片树叶栩栩飘在额间。画桂叶眉需要“去眉开额”，即先把原有的眉毛和额前的头发剃掉，使发际线上移，露出饱满的额头，再画上这种眉形，我们在唐周昉《簪花仕女图》中看到的就是这种眉形。唐代江采萍在《谢赐珍珠》中有“桂叶双眉久不描，残妆和泪污红绡”的诗句。

▲ 阔眉

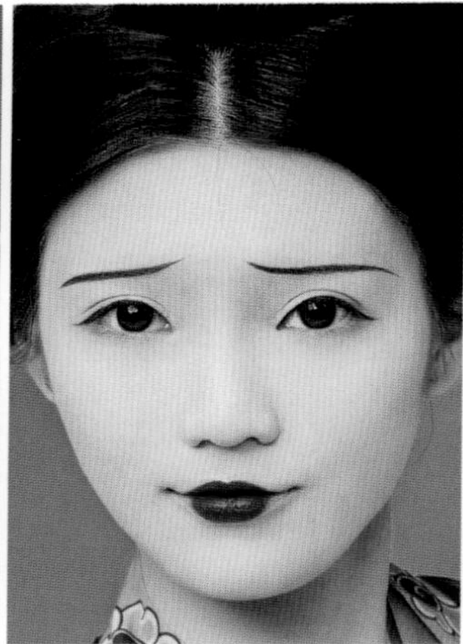

▲ 八字眉

▲ 桂叶眉

四、勾眼线

画完眉毛就要开始化眼妆，虽然鲜少在文学作品中看到关于眼妆的描写，但我们在欣赏历代仕女画作品时，还是能发现一些眼线的勾画痕迹，称为勾线。那时的女子一般只勾画上眼线，使眼睛显得细而长，如唐张萱《捣练图》、唐周昉《调琴啜茗图》中的女性形象。最夸张的当数敦煌莫高窟绢画《炽盛光佛并五星图》中的人物，眼线一直延长到鬓角，给人留下深刻印象。

▲　勾眼线的人物形象
① 唐张萱《捣练图》局部
② 唐周昉《调琴啜茗图》局部
③《炽盛光佛并五星图》局部　甘肃敦煌莫高窟第 17 窟绢画，英国伦敦博物馆藏

五、点绛唇

眼妆描毕，则可开始点唇。从唐代出土的文物中，我们可以看到一系列唐代仕女点唇的样式。比如新疆吐鲁番阿斯塔那墓出土的女俑，上下两唇画成马鞍形，合起来唇形如花瓣，鲜丽娇嫩。唐代纸本屏风画《树下美人图》中的女子，也如口衔一朵梅花。还有的将唇画成上下两片小月牙的样子，也有的画成上下两片半圆。

►　点绛唇仕女形象
头部根据新疆吐鲁番阿斯塔那张雄、麹氏夫妇合葬墓出土女俑头绘制，徐央绘

我们常说的“樱桃小口”出自白居易的诗句“樱桃樊素口”，说的是他的家姬樊素。美姬樊素的嘴小巧鲜艳，如同樱桃。这一风流名句，如今仍然是用来形容美丽女子的首选佳句。当然，“樱桃小口”只是形容嘴唇的一个概称，具体的形状不会只如小巧的樱桃。

晚唐时流行的唇形样式最多，据宋陶穀《清异录》卷下记载：“僖、昭时，都下倡家竞事妆唇。妇女以此分妍否。其点注之工，名色差繁。其略有胭脂晕品、石榴娇、大红春、小红春、嫩吴香、半边娇、万金红、圣檀心、露珠儿、内家圆、天宫巧、洛儿殷、淡红心、猩猩晕、小朱龙、格双、唐媚花、奴样子。”从这众多名称大概可看出，唐代点唇样式花样繁多，并不局限于某种花样，而是各具特色。

六、绘斜红

唇妆之后，则需要绘斜红。斜红在南北朝时期便已出现，被唐朝女子大规模使用，是唐代妆容十分有特色的部分。“分妆间浅靥，绕脸傅斜红。”（南朝梁萧纲《乐府三首 · 其二 · 艳歌篇十八韵》）

▲ 绘斜红的女子形象
模特：未书，妆发 / 摄影：徐向珍，后期：爱神

斜红是一种有破碎感的妆容，又称晓霞妆。唐张泌《妆楼记 · 晓霞妆》记载魏文帝的宫人薛夜来：“夜来初入魏宫，一夕，文帝在灯下咏，以水晶七尺屏风障之，夜来至，不觉面触屏上，伤处如晓霞将散，自是，宫人皆用胭脂仿画，名晓霞妆。”这一抹“破碎”的伤痕如艳丽霞光绽放于脸颊，可谓因祸得福。

最初的斜红为简洁的月牙形，到了武周时期，演变出花形、云朵形、如意形以及菱形组合等。盛唐开元时，有彩绘飞鸟形或以金钿贴在斜红位置。至长庆年间，又流行“血晕妆”，即将眼周斜红绘成两三道“血痕”。到了晚唐，又重归简约的月牙形。

七、施面靥

斜红之后是面靥。靥指笑靥或妆靥，即点在唇角两边、脸颊的红点或者花子、花靥、面花。面靥最初的形状叫作“的（dì）”，用红色胭脂或颜料在嘴角点上一点或多点。西晋傅玄《镜赋》有“珥明珰之迢迢，点双的以发姿”。说的就是在嘴角点“的”，一边一个，犹如微笑荡漾开来，有些类似梨涡的视觉效果，更显别样风情。

靥的绘制材料很多，可以用粉画，也可以用胭脂点，奢华的还有用金箔、翠鸟羽毛或珠宝玉片制成，南朝陈张正见《艳歌行》中就有“裁金作小靥，散麝起微黄”的诗句。

靥的形状也多种多样，有圆形、团形、花状、星星状等。唐代张鹫在《游仙窟诗·又赠十娘》中写道：“靥疑织女留星去，眉似姮娥送月来。”唐朝女性的这种面饰，与现代女性用各种形状的亮片装饰面部别无二致。唐欧阳炯在《女冠子·薄妆桃脸》中写道：“薄妆桃脸，满面纵横花靥。”晚唐至五代时期，花靥极为流行。从众多女供养人画像中，我们可以看到满面花靥，有宝相花形、桃形、扇形、牛角形、鱼鳞形、三叶形、梅花形、鱼形、飞鸟形等，种类丰富。

除了花靥，贴花子也可以增美态、添趣味，还能遮掩脸上的疤痕、斑点等。唐段成式的《酉阳杂俎·卷八》中载：“今妇人面饰用花子，起自昭容上官氏所制，以掩点迹。”相传武则天时，每次召见宰臣，都让上官昭容隐藏在床裙下，记录所奏之事。有一天，宰相议事，昭容忍不住偷偷探头观看，武则天发觉后龙颜大怒，拿起刀就朝她脸上刺去，一时鲜血如注，伤口愈合后在额上留下了疤。上官昭容便用花片去掩饰其脸上的伤痕，结果更添动人之美，宫人竞相效仿，成就一时风尚。

► 点面靥的女子形象
模特：枭枭，妆发 / 摄影：徐向珍，后期：爱神

场景二十七 妆后出门观龙舟竞渡

对于女孩子来说，一年中或许只有端午节看龙舟竞渡时，可以坦坦荡荡、理直气壮地看着众多精壮的哥哥们拼全力、争上游，感受力量之美。这样的日子，自是得盛装打扮一番，不能让自己“泯然于众人”。这日，韦三娘选了条榴花色裙子，配鲜丽酒晕妆，梳惊鸿髻，与如火骄阳及秦淮河畔的热烈氛围相得益彰。

和现代一样，唐朝妆容的流行趋势变化得十分迅速，除了创新手法，还从历史文献中复原出多种美妆造型。

一、大名鼎鼎的红妆

红妆可以说是古代最著名的面妆，后世也演变成女子的代名词。在唐代，红妆根据胭脂颜色由浅渐浓，依次分为：飞霞妆、节晕妆、桃花妆、酒晕妆。

最浓的是酒晕妆，也称醉妆，和三白妆相衬，使美人看似醉酒一般，又如夏日艳丽的石榴花，分外妖娆。此妆一般在年轻女子间流行，盛行于唐，一直延续至五代。《新五代史·前蜀世家》中写前蜀君主王衍宫中的宫女、妃子们“皆戴金莲花冠，衣道士服，酒酣免冠，其髻髽（zhuā）然，更施朱粉，号‘醉妆’，国中之人皆效之。”

颜色比酒晕妆略浅的是桃花妆。妆色浅艳，粉嫩如桃花，故得名。唐宇文士及《妆台记》载：“美人妆面，既傅粉，复以胭脂调匀掌中，施之两颊，浓者为酒晕妆，淡者为桃花妆。”节晕妆比桃花妆略浅，色彩淡雅。飞霞妆则先薄薄施朱，再浅浅盖一层白色妆粉，妆效白里透红。

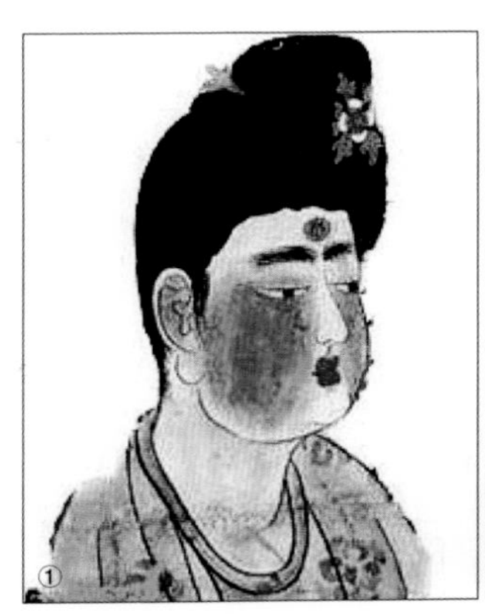

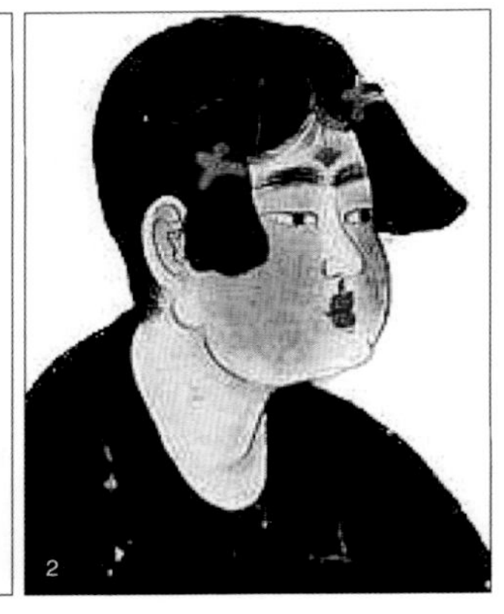

① 酒晕妆 新疆吐鲁番阿斯塔那古墓群出土绢画局部

② 桃花妆 新疆吐鲁番阿斯塔那古墓群出土绢画局部

▶　红妆女子形象

③ 节晕妆　佚名《唐人宫乐图》局部

④ 飞霞妆　新疆吐鲁番阿斯塔那古墓群出土木俑局部

二、三白妆

所谓三白，即在额头、鼻梁、下巴这三个部位着重涂白，类似于现代美妆的高光区。腮红强化晕染，又有眉妆和唇脂的刻画点染，就能形成极富立体感的妆效，在人群中，想不出众都难。古代照明条件有限，三白妆能增强面部轮廓立体感，让如意郎君在昏暗的环境里也能清晰地看到自己。

北齐杨子华的《北齐校书图》中，侍女们就化着三白妆和额黄。到了唐代，三白妆和红妆相结合，呈现了一种焕然一新、蓬勃向上的全新形象。在唐张萱《捣练图》、佚名《唐人宫乐图》和《弈棋仕女图》中，我们都能清晰地看到三白妆与红妆交相辉映，彰显着当时的时代风貌和旺盛的生命力。

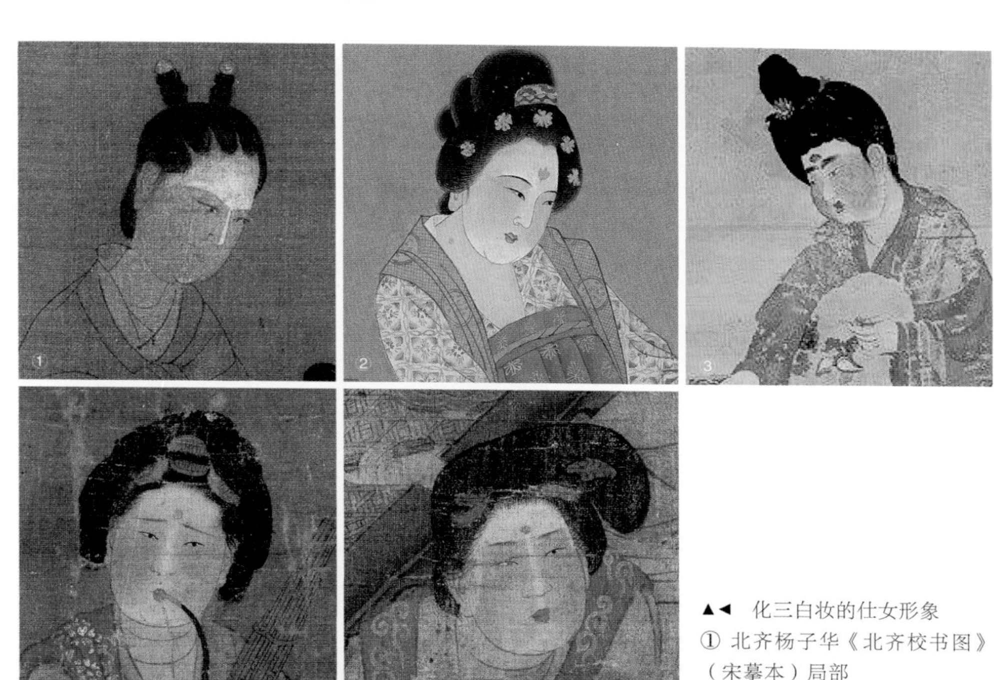

▲◀　化三白妆的仕女形象

① 北齐杨子华《北齐校书图》（宋摹本）局部

② 唐张萱《捣练图》局部

③ 唐佚名《弈棋仕女图》局部

④ ⑤ 唐佚名《唐人宫乐图》局部

三、古妆新生

唐代也流行在古妆中加入创新，如“泪妆”或“啼妆”。画法是用白粉抹在面颊或点染眼角，如泪痕干去，留下点点白迹。五代王仁裕《开元天宝遗事》中记载：“宫中嫔妃辈，施素粉于两颊，相号为泪妆。”五代马缟《中华古今注》中也载：“贞观中，梳归顺髻。又太真偏梳朵子，作啼妆。”

► 啼妆女子形象
妆发/摄影：徐向珍，模特：喝大碗，后期：爱神

四、新鲜奇特的时尚妆容

河南安阳唐大和三年（829）赵逸公夫妇墓的壁画中，可见女子脸上画着一道道痕迹，仿佛花脸猫，妆容新奇怪诞，令人印象深刻。根据宋王谠《唐语林·补遗二》记载：“长庆中……妇人去眉，以丹紫三四横约于目上下，谓之血晕妆。”这种化妆技巧，显然是当时的流行时尚。

► 血晕妆
唐文宗大和三年（829）赵逸公夫妇墓壁画描摹图，徐央绘

唐朝天宝年间曾流行过“时世妆”。白居易曾为此赋诗：“时世妆，时世妆，出自城中传四方……乌膏注唇唇似泥，双眉画作八字低。妍媸（chī）黑白失本态，妆成尽似含悲啼。圆鬟无（垂）鬓堆（椎）髻样，斜红不晕赭面状……元和妆梳君记取，髻堆面赭非华风。”《时世妆》诗中详细清晰地描绘了时世妆的唇色、眉形、妆感、发型样式等。可见在唐代，已经有了非常明确的时尚概念，当时的人们对美的追求也崇尚兼容并蓄。

这种妆容的唇色不是一贯娇艳的红，而是颓废的乌泥色。双眉眉尾低垂，眉头上蹙，成妆后似委屈哭泣状。“髻堆面赭非华风”则点明了这种时尚妆容是模仿番邦妆容的风格。

衣妆作为文化最表层、最直观的展现，起着文化传承的重要作用。看似平凡的假发、化妆品、饰品流转变迁的背后，是那个时代不同文明、文艺、商贸、科技、政治、宗教等活动的多元碰撞与融合。

“各美其美，美人之美，美美与共”正是对那个时代文化交流中“异”“同”并行、与时俱进的高度概括。

▶ 高鬟危鬓的时世妆　徐央绘

场景二十八　重阳节登高赏菊

“方看夏太清，已觉秋淅瑟。”（宋林宪《李才翁懒窝》）转眼到了重阳节，秋风瑟瑟，菊花盛极。这样的日子，自然是要出门去登高赏菊的。三娘想着当天要去乐游登高，遂借乐游之名，将头发高高盘于头顶，成一高髻，称“乐游髻”。其他姐妹们有梳丛髻、单刀半翻髻、交心髻、望仙髻的，还有绾回鹘髻、偏梳朵子等，不一而足。放眼望去，高高的山坡上，云鬟雾鬓，争奇斗艳。

▲ 丛髻
妆发 / 摄影：徐向珍，模特：喝大碗，服装：丹青荟，后期：爱神

一、扮靓工具——义髻

义髻自古就有，但在唐代到达了全盛期。宋乐史撰《杨太真外传》中有杨贵妃“尝以假髻为首饰，而好服黄裙”的记载。天宝末年，京师童谣有言“义髻抛河里，黄裙逐水流”（唐佚名《天宝初语》）。义髻用木头、纸、织物作为内衬或胎体，再刷漆，或缠裹毛发、棕丝等，再于其上或贴或绘华丽的花饰、钿饰。如新疆吐鲁番阿斯塔那张雄夫妇墓出土的一个木质义髻，状如半翻髻，外涂黑漆，其上绘有白色忍冬花纹。

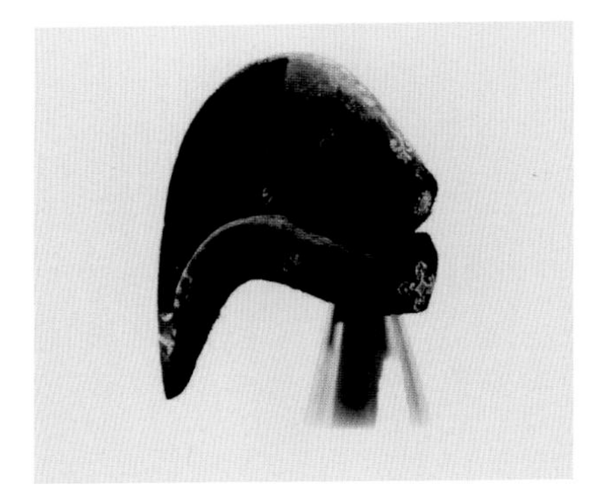

▲ 木质义髻
新疆吐鲁番阿斯塔那张雄、麹氏夫妇合葬墓出土

高髻上面也可装饰各式金银珠翠，大抵“宝髻”之名来源于此。诸多诗词中都有关于宝髻的描述，如“为君安宝髻，蛾眉罢花丛”（唐王勃《临高台》），“宝髻偏宜宫样，莲脸嫩，体红香”（唐李隆基《好时光·宝髻偏宜宫样》），“宝髻松松挽就，铅华淡淡妆成”（宋司马光《西江月·宝髻松松挽就》）。

▲ 高髻泥塑女俑头部
新疆吐鲁番阿斯塔那唐墓出土，
了了君摹绘

► 戴宝钿装饰义髻的仕女　徐央绘

假髻这一好用之物从盛唐一直延续到了晚唐。《新唐书·五行志》载：“僖宗时，内人束发极急，及在成都，蜀妇人效之，时谓为‘囚髻’。”是说唐末黄巢起义时，唐僖宗李儇逃难至成都，随行的宫女为了缩短梳妆时间，特意制作了一种名为“囚髻”的假髻，出行前直接戴在头上，无须费心梳掠。到了成都后，成都的妇人间也很快就流行起这个风尚。

二、云堆翠髻头上争芳

唐代女子的发髻种类很多，随着时代变迁，也形成各种流行式样，比较有名的发髻样式有如下几种。

▲ 梳惊鸿高髻的女俑
新疆吐鲁番阿斯塔那张雄、麴氏夫妇合葬墓出土

（一）惊鸿髻

惊鸿髻是高髻中经典的样式，从流行于南北朝的惊鹤髻演变而来，如鸿鹄振翅欲飞，或一翼或双翼，高大又灵动。梳理方法是用真发编盘成惊鸟欲飞的样子，也可以先做好假髻，以丝带、簪钗固定耸立于头顶。这种发式在陕西咸阳唐章怀太子墓、懿德太子墓出土文物中都可看到，可见在当时颇为流行。

（二）双环望仙髻

成熟女性梳高髻，展现妩媚、端庄或妖娆的姿态，少女或童女则梳卯发、三角髻、垂鬟，呈现天真烂漫或乖巧伶俐的模样。陕西西安羊头镇李爽墓壁画中有一种高髻名“双环望仙髻”，这是舞女常梳的发式，一些未婚少女也喜欢梳。唐宇文士及《妆台记》中有“开元中，梳双鬟望仙髻”的记载。双环髻最初也是以真发绾就，因真发容易垂坠，不易固定塑形，故需借助簪钗撑住关键部位。梳理时先从正中分发，将头发分成左右两股，于底部各扎一个结，再弯曲成圆环状，最后将发尾藏入发髻底部即成。后来逐渐出现了木质假髻，其上涂黑漆，梳好底座后，可以直接佩戴，名“漆鬟髻”。

▲ 山西五台县佛光寺壁画中梳双环望仙髻的人物形象

（三）倭堕髻

“倭堕低梳髻，连娟细扫眉。终日两相思。为君憔悴尽，百花时。”唐代诗人温庭筠写下的《南歌子·倭堕低梳髻》描绘了梳倭堕髻的温婉的女性形象。

不同于发髻向一侧偏斜的堕马髻，倭堕髻双鬓抱面（鬓发垂于耳际同时向面部梳拢），梳成的发髻有单个或多个，由后向前倒伏于头顶。相对其他高耸的发髻而言，倭堕髻整体比较低矮，由此得名。也有人把它称为“乌蛮髻”。

盛唐时期的倭堕髻几乎成了陶俑、三彩俑的标配，尤其是配上胖乎乎的肉脸，纺锤形的身材，让人印象深刻。

▲　梳倭堕髻的美人形象
新疆吐鲁番阿斯塔那古墓出土《游春美人图》局部

▲　梳倭堕髻的女俑
陕西历史博物馆藏

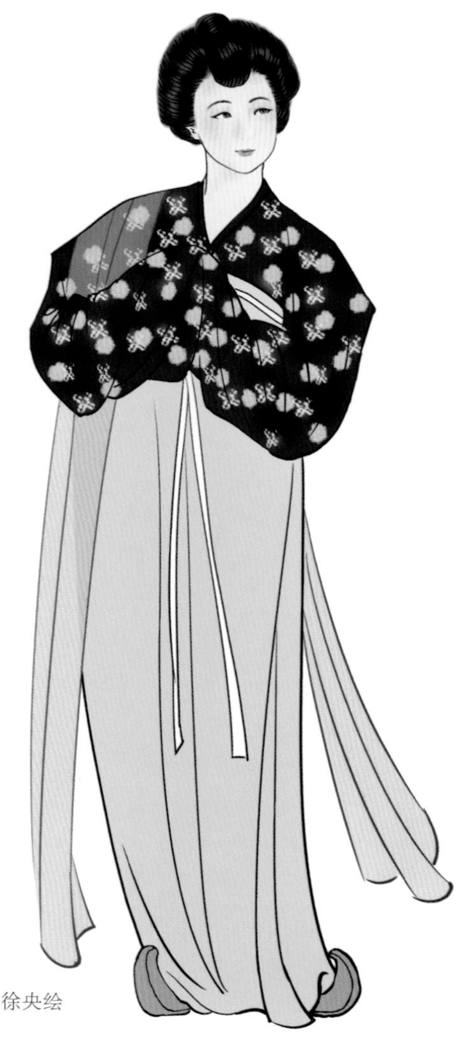

►　梳倭堕髻的盛唐女性形象　徐央绘

（四）半翻髻

唐段成式《髻鬟品》载：“高祖宫中有半翻髻。”宇文士及《妆台记》中有“唐武德中，宫中梳半翻髻。”这种发髻高耸而顶部向一边翻转倾斜，远远看去像是一把刀，又似乎是微微卷曲的荷叶，造型十分奇特。半翻髻的形态很多，从大类上分为单刀髻和双刀髻。

半翻髻多是用假髻来辅助成型的，有时候与高耸的假髻难分彼此。这种夸张而霸气的发型尤其受贵族妇女、表演人员喜爱。

▲ 梳半翻髻的仕女
陕西省礼泉县唐龙朔三年（663）昭陵新城长公主墓出土壁画局部，现藏于陕西历史博物馆

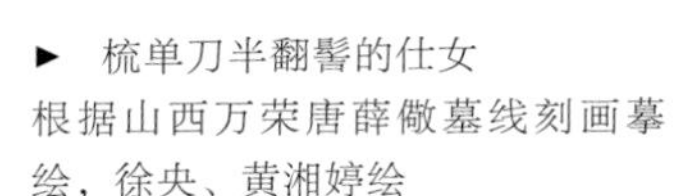

► 梳单刀半翻髻的仕女
根据山西万荣唐薛儆墓线刻画摹绘，徐央、黄湘婷绘

唐代发型数不胜数，每一种都充满了精巧的构思和独到的审美，令人由衷赞叹祖先们的心灵手巧。

场景二十九　巧打扮欢喜过新年

窗外鞭炮声此起彼伏，烟花照得夜空如白昼。挂好桃符，收拾完一应过年物事，韦三娘和姐妹们围坐在父母亲身旁，拿出下午去各铺子取回的一家人的新衣、新首饰，一一展给全家人看。衣裳料子是早几个月从大胡子波斯商人那里买的，颜色鲜丽妥帖。女眷们的首饰最是需要好材料、好巧思和好手艺的，做的都是时新的样式，正月里，就可以穿戴上了。

唐代首饰的式样非常丰富，从装饰部位来看，可以分为发饰、颈饰、臂饰等。发饰主要用于固定发髻和装饰头发，包括簪（笄）、钗（簪脚单股为簪，双股为钗）、步摇、冠子、缠头和梳篦等。

一、簪

东汉刘熙《释名·释首饰》中云：“簪，建也，所以建冠于发也。”《说文解字》中说：“笄，簪也。”簪源于先秦之笄，是单股长针，用于绾发、固定冠子，是发饰中最基本的工具，男女通用。

“及笄”指女子年满十五岁成年，束发并以笄贯之。女性用簪，会在簪首进行各种美化。男性使用的簪则较简单，更重实用性，用笄从冠旁边的孔横穿过发髻，从另一旁的孔穿出，“所以拘冠，使不坠也”（《释名·释首饰》）。

隋唐时期，发簪材质有玉、水晶、金、银、铜、铁、象牙、牛角、玳瑁、竹、木、蒿等。簪的基本结构包括簪股和簪首。簪股即长长的主体部分，杆形通常呈扁圆状、扁平状、多棱状或柱状，簪尾收细，便于插入发中。簪首是装饰重点，可以有各种雕饰或錾刻纹样。

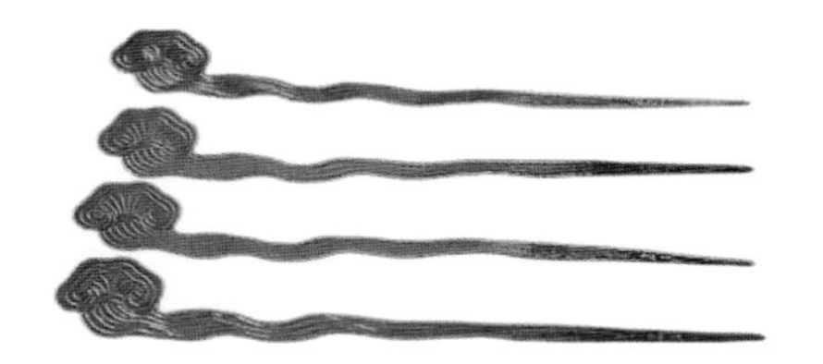

◀　灵芝纹对簪
图片来源：皇家传承御用手作

（一）直簪

在唐朝，长条直簪最为常见，簪首略粗，簪尾渐细，长度从 10 到 20 多厘米不等，可以说是功能性首饰。唐代女性时兴做各式发髻，有时加假髻，就可以用簪子横穿过发髻底座加以固定。可左右横插，也可从前往后，或自后往前插。

直簪还可以用于搔头，因此“搔头”也成了簪的别称。唐代常见以“玉搔头”为意象的诗句，如刘禹锡诗“新妆宜面下朱楼，深锁春光一院愁。行到中庭数花朵，蜻蜓飞上玉搔头”（《和乐天春词》），以及白居易诗“逢郎欲语低头笑，碧玉搔头落水中”（《采莲曲》）等。

► 红衣女子以簪搔头形象
陕西咸阳乾县唐神龙二年（706）章怀太子墓壁画局部

（二）帽头簪

帽头簪为带帽头的直簪，簪首有圆、方两种，簪体通常为柱状，簪尾收细，方便横簪从冠侧孔穿过发髻，固定发冠，一侧加帽头防止滑落。与女性装饰用簪不同，男性用簪被赋予了更多的文化含义。唐李隆基《送贺知章归四明》中有“遗荣期入道，辞老竟抽簪”。古人为官必须束发戴冠，以簪固定发冠，故隐退或辞官时，称“抽簪”，白居易亦有诗：“解佩收朝带，抽簪换野巾”（《昨日复今辰》）。男用冠簪根据舆服制度中的等级序列，使用材质的应用序列大致为玉、犀、角、牙。天子用玉簪，犀簪是王公百官冠冕中等级最高的，也成为唐诗中贵臣的代称 。角簪、牙簪也为官员所用，角簪与祭服搭配，牙簪与朝服搭配。

（三）花簪

直簪插戴后，显露在外的簪首就成为装饰的重点。簪首制作成花形的簪子称为花簪。常见的花簪簪首形状有弹拨乐器用的拨子形，也有鸭脚形、树叶形、扇形和斧形等。

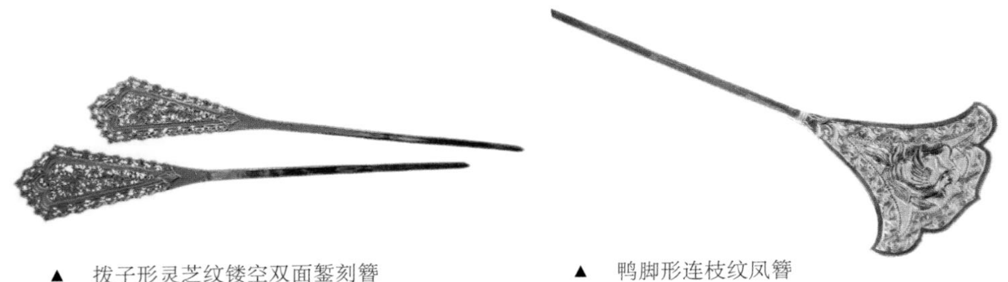

▲ 拨子形灵芝纹镂空双面錾刻簪
图片来源：皇家传承御用手作

▲ 鸭脚形连枝纹凤簪
图片来源：皇家传承御用手作

还有一种有两支簪首的簪，簪首相互缠绕或分开，形态流畅舒展。簪首形状也有拨子形、扇形、花叶形等，仿佛同时簪戴了两支簪子。

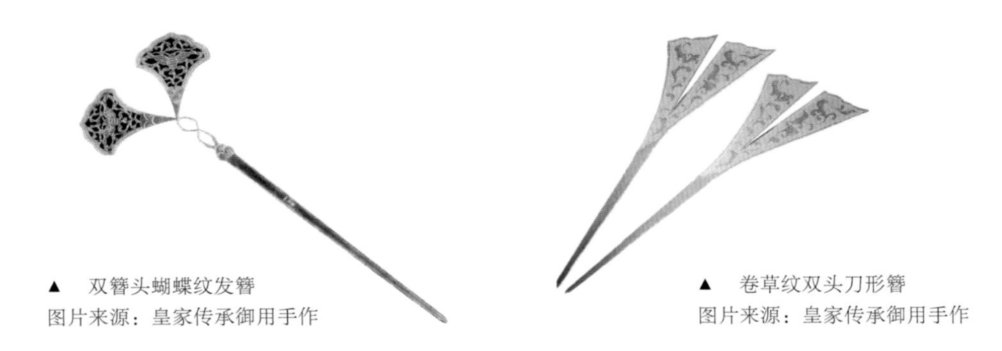

▲ 双簪头蝴蝶纹发簪
图片来源：皇家传承御用手作

▲ 卷草纹双头刀形簪
图片来源：皇家传承御用手作

唐代金银簪的纹样以平面打制和錾刻的为多。除了金银铜质，还有以玉质雕琢而成的凤鸟和卷草簪首。花簪一般为左右对称插戴。

二、钗

“钗留一股合一扇，钗擘黄金合分钿”（白居易《长恨歌》），“钗，叉也，象叉之形，因名之也。”（《释名·释首饰》）钗是簪以外最基本的女子绾发工具和装饰品。发钗材质和簪类似，高档的可以用金、银、玉石、宝石、水晶、象牙制成，普通些的则用铜、铁、骨以及荆木制作。荆木钗常被作为贫寒女性的指代，古代男子对外提及自己夫人也常用“荆妇”作为谦称。

（一）折股钗

唐代女子喜高髻，对弯式的折股钗最方便绾发，使用最多。折股钗的钗梁较平直或者呈弧形，两边对弯成 U 形，钗头部分可以朴素无花纹，也可以錾刻各式花叶、花卉纹。根据使用部位和不同发式，簪脚可长可短，短者数厘米，长者可达尺余；股间距可宽可窄，从紧密贴合到相隔 2 至 3 厘米均有。

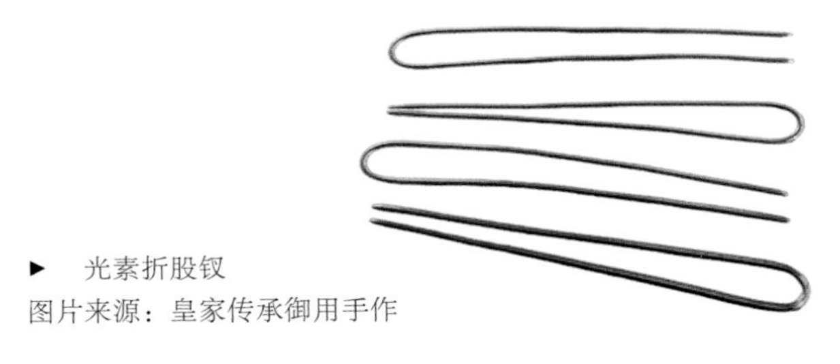

► 光素折股钗
图片来源：皇家传承御用手作

除了无装饰的普通折股钗，还有在钗梁上进行各种装饰的复杂样式。有以玉作梁、金银作钗脚的，也有在钗梁上用金丝掐出莲花纹，并镶嵌各种宝石、珍珠的“钿头钗子”。折股钗是梳发髻最实用的工具，插戴方法通常左右对称。这种两汉以来一直流行的插戴法，在晚唐依然盛行，如敦煌莫高窟壁画中的供养人造型。在舞乐和仙女造型中，折股钗被用来作为“挑鬟”，长长的折股钗可以将鬟髻固定并支撑在钗梁的双股内，挑起大大的双鬟或者单鬟。这些钗子不仅可以固定发髻，还起到了很强的装饰作用。

（二）钿头钗

钿头钗是一种组合比较自由的首饰，也可以称为“钿花”。钿花背后通常有穿孔，可置于普通折股钗的钗梁位置进行插戴，也可插在发髻中央、鬓边等处，还可用于装饰梳背、带銙。与之名称相近的花钿是额部装饰，一般用金做成花朵形，再于其上镶嵌各种珠宝，不能混为一谈。

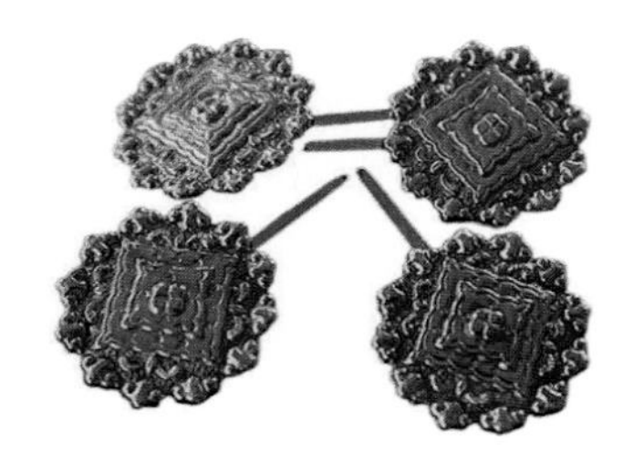

▲ 钿花六件套
图片来源：皇家传承御用手作

▲ 嵌宝菱花纹钗
图片来源：皇家传承御用手作

▲ 闹蛾金银珠花树钗
图片来源：皇家传承御用手作

（三）花钗

和花簪类似，花钗的钗首材质也以银、银鎏金、鎏金铜质为多。钗股有圆柱状或扁平状两种。扁平状钗股钗，钗首为平面镂空图案造型，与剪纸工艺品有些相像。制作时先将材质捶打成薄片状，镂刻出花纹，再局部錾刻。钗首花形包括拔子形、扇形、斧形、花叶形，也都有单首和双首之分，是最具代表性的唐代钗式。

相比于折股钗的实用性，花钗着重装饰性。花钗一般两两相对插入发髻，钗首纹饰多为横卧式。还有一种三角形花钗，插戴于发髻正前方。

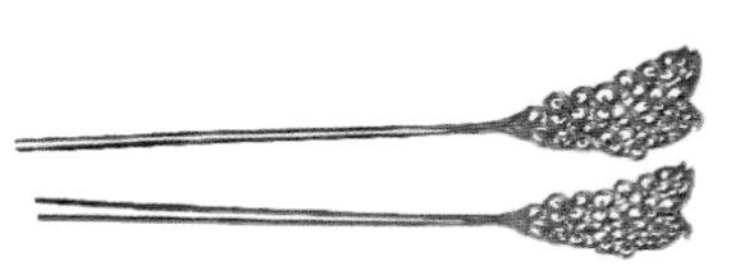

▲　錾刻卷草纹花钗
图片来源：皇家传承御用手作

▲　飞鸟纹花钗
图片来源：皇家传承御用手作

▲　银镀金银错双鸟牡丹分心
图片来源：皇家传承御用手作

►　戴花钗的供养人　徐央绘

三、步摇

步摇有"行步则摇"之意，其名称自两汉延续而来，最初是指悬缀金片摇叶的簪钗。一般是在簪钗首悬缀一挂或者一排坠饰，也有用细弹簧在顶端装置饰物的，题材一般为鱼、蝴蝶、蜜蜂、金叶、花果等。

▲ 嵌宝卷草纹步摇
图片来源：皇家传承御用手作

四、花冠

花冠即花形的冠子，流行于隋唐、五代宫廷，常见为莲花冠，又称芙蓉冠。五代和凝《宫词百首》中有"芙蓉冠子水精簪，闲对君王理玉琴""碧罗冠子簇香莲，结胜双衔利市钱"等提及冠子的诗句。

唐周昉《挥扇仕女图》以及唐佚名《唐人宫乐图》中均可见戴花冠的妇人形象。

▲ 碧罗芙蓉冠子
妆发／摄影：徐向珍，模特：喝大碗，服装：沉香画舫，碧罗冠：锦鲤古典首饰

▲ 仿《挥扇仕女图》花冠仕女造型
妆发／摄影：徐向珍，模特：喝大碗，服装：丹青荟，后期：爱神

五、缠头

“五陵年少争缠头”，唐代白居易的名篇《琵琶行》中这一句，提到了“缠头”。缠头本来是指古代艺人把锦帛缠在头上作装饰，后面演变为演奏完毕客人赠送、打赏艺人的锦帛。

用布帛来包裹、装饰头发，也属于头饰的一种，而且源远流长。汉晋时期的“巾帼”就是一种，后世还演变成了女性的代名词。而在唐代大多数时候，女性更喜欢金属首饰、鲜花、假花，会将其插戴在精心梳出造型的发髻上。最迟在晚唐时期，出现了巾帛缠头的装束。从陕西西安路家湾柳昱墓的壁画可以看出，女子锦帛包裹之下的发髻，依然巨大无比。

► 晚唐头戴缠头的仕女
徐央、黄湘婷绘

六、梳篦

梳篦本是一种理发用具，齿密者为“篦”，齿疏者为“梳”，先秦时统称为“栉”。根据用途，可以分为日常实用梳子和装饰用梳子。

实用梳造型简单，纹饰较少，多为木梳、骨角梳、象牙梳。装饰梳则多用贵重材料，如金、银、玉、玳瑁等，而且多采用分体组合式结构，露在外部的梳背用华贵精美的材料和工艺制作，插入发中的梳齿用木、骨等普通材质。装饰梳上的纹饰题材极其丰富，如仙鹤、鸿雁、野鸭、鸾凤、蜂蝶、龟、花卉、走兽、飞天、人物等，可谓包罗万象。

梳背造型以半月形为主，还有方形、梯形和三出云头形等。金银梳背多采用掐丝、錾刻、镶嵌等法，木质、玉石、骨类梳背可以用粘贴、镶嵌等方法装饰。

▲ 藤蔓赶花发梳
图片来源：皇家传承御用手作

▲ 荷叶纹发梳
图片来源：皇家传承御用手作

▲ 唐伎乐飞天纹金栉
江苏扬州博物馆藏

▲ 花草纹发梳
图片来源：皇家传承御用手作

► 头戴梳篦的仕女
根据河南安阳唐赵逸公墓壁画
摹绘，徐央、黄湘婷绘

七、颈饰、臂饰

在唐代，颈饰使用不多，以瓔珞为主。瓔珞材质多为珍珠、玉石、宝石、琥珀，用丝线、丝带串成，有时会挂金属配件。特殊例子为陕西西安隋朝时期李静训墓出土的金镶珠宝项链，似为舶来品。

腕饰、臂饰称为钏（chuàn）或环，《说文解字》云："钏，臂环也。"常用材质为金、银、琥珀、玉石。除了普通的圆环形、缺口形，还有两端收窄、收尖的柳叶形，以及可以开合的多节环。

▲ 流叶花间珍珠瓔珞
图片来源：皇家传承御用手作

▲ ① 素面金钏 陕西西安何家村唐代窖藏
② 金镶宝珠钏 陕西西安隋大业四年（608）李静训墓出土
③ 金镶玉臂钏 陕西西安何家村唐代窖藏

第八章

敦煌艺术里的大唐

场景三十 都督夫人外出礼佛

装饰华丽的幡盖引路，一位雍容华贵的夫人手捧香炉，恭谨而轻缓地走在前面，身后跟随着两个女儿和一群随从。她头梳“抛家髻”，头顶饰“朵子”（假髻），假髻上饰有鲜花、大小梳子、花形宝钿。身上是典型的裙衫帔三件套，最里面穿的是交领碧罗团花大袖短衫，外面是绛红地花叶锦半袖，肩披绛地帔子和白罗画帔，脚蹬笏头履。女儿十一娘双手合掌，持立式鲜花；十三娘袖笼双手，恭谨礼佛。

► 都督夫人礼佛图
根据甘肃敦煌莫高窟第130窟壁画摹绘，徐央、黄湘婷绘

一、刺绣文化：丝绸之路上的锦绣无边

在唐朝，丝绸之路依旧是东西方经济、文化交流的主要通道之一，东西方的纺织工艺也在这里互相融合。

丝绸之路沿线出土的佛教题材刺绣数量庞大，类型丰富，如绣像、绣袈裟、绣伞盖、绣经巾和绣垂带等。唐杜甫《饮中八仙歌》中有诗句“苏晋长斋绣佛前，醉中往往爱逃禅”，更是反映了唐朝绣佛之普遍。

▲ 敦煌藏经洞刺绣佛像（局部）
印度国家博物馆藏

▲ 敦煌藏经洞百衲经巾刺绣图案
英国大英博物馆藏

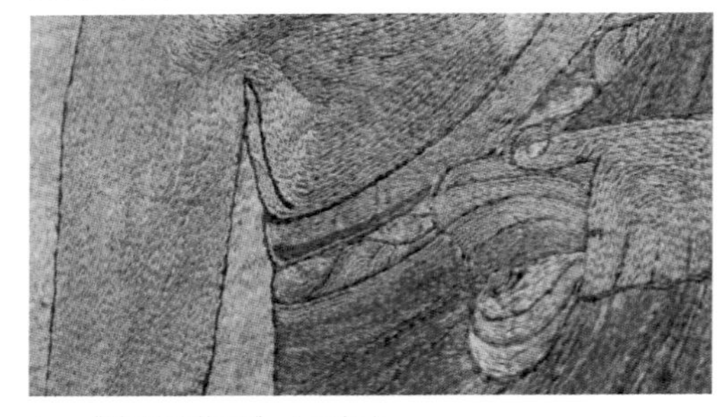

▲ 《凉州瑞像图》（局部）
甘肃敦煌莫高窟第17窟出土，英国大英博物馆藏

现藏于大英博物馆的巨幅刺绣《凉州瑞像图》（又称《释迦牟尼灵鹫山说法图》），是目前现存的中国古代刺绣中最大的一幅。绣品中心的大佛站在斑驳的岩石之前，身披红色袈裟，袒露右肩，赤脚立于莲座之上。绣品右下方跪着四个男供养人，其中一人为和尚装扮，另外三人均头戴黑色幞头，身穿蓝色圆领袍，身后还有一名穿圆领袍的男性侍者。左下方跪有四个女供养人，头梳发髻，身穿窄袖上襦，外罩半臂，身系各色长裙，有的披着披帛。这些都是初唐时期的典型服饰样式。

从局部图中可以看出，作品由不同颜色的丝线绣成，针脚细密。走线有不同的方向，甚至还有一些地方采用了旋转的绣法。轮廓的部分采用了黑色的针脚，这样看起来就像水墨画一样。整幅作品刺绣工艺繁复，技艺高超。

除此之外，敦煌还出土了一些刺绣的残片，无一不彰显唐代刺绣技艺的高超和精美，是中华永恒的艺术珍品。

①

②

▲　① ② 敦煌刺绣残片
英国大英博物馆藏

二、粟特织锦与联珠花纹

说起唐代丝绸之路上的丝绸，不得不提的是粟特的丝绸制品。粟特地区大约从公元 5 世纪之后开始兴起织锦，在东西方的贸易往来中，逐步形成了自己特有的织物风格。这种织造风格在唐代大量出现，唐朝的织锦、刺绣受其影响，形成了非常有特色的织锦纹样。

粟特锦的典型特点就是斜纹纬锦，这与中原地区盛行的平纹经锦有着很大差异。而且织锦图案多为联珠主题纹样，中间饰以鸟兽纹（鸟、鸭、羊、马、猪等）。事实上，联珠纹并不是主题纹样的名字，而是一种框架形式，在其中填入动物、花卉等纹样形成不同的主题。联珠动物纹锦中的主题纹样往往具有较强的异域风情，如联珠猪头纹锦中的猪头以青面獠牙的野猪形象出现。联珠鹿纹锦中的鹿纹与中国传统鹿的造型也有明显的区别，其体态相当健壮，更像是来自西亚的马鹿。

▲ 联珠猪头纹锦
根据新疆吐鲁番阿斯塔那 77 号墓出土织锦摹绘，雷雪雨绘

▲ 联珠鹿纹锦
根据新疆吐鲁番阿斯塔那 332 号墓出土织锦摹绘，雷雪雨绘

随着丝绸之路上各国商业和文化交流的日益密切，在长安等地流行的联珠纹，则是经过汉化和置换主题纹样的图案，在敦煌壁画和西安等地的墓地出土的彩塑中多有描绘，在唐代洞窟的装饰纹样中，占据了极为重要的地位。典型的应用就是下图的联珠团花纹锦，这种织锦在隋唐时期十分流行。

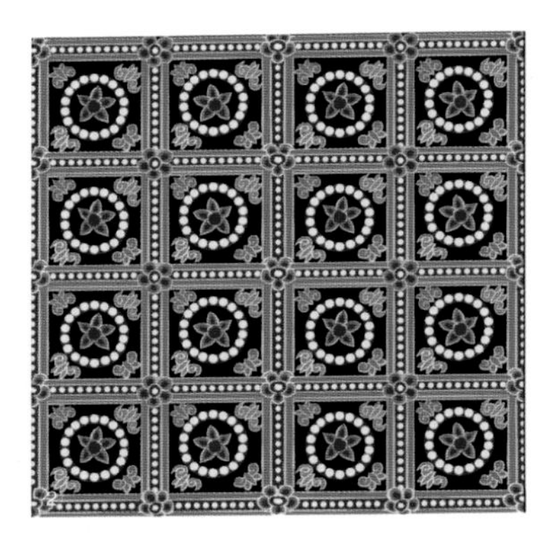

▲ ① ② 联珠团花纹锦
根据中国丝绸博物馆藏联珠团花纹锦摹绘，雷雪雨绘

丝绸是唐代东西方贸易中最靓丽的主角。中国的养蚕缫丝技术传入西域，对包括粟特在内的西域各国织造业产生新的影响。而受波斯锦影响的粟特锦，也促进唐朝人开始生产具有中西融合审美的纹样。以斜纹织锦为标志的织锦体系，也逐渐进入中原，最终形成雍容华贵的大唐风格并行销世界。

唐 场景三十一　文化交流影响下的纹样演变

昨夜落了雨，空气中还残留着一些湿润，今晨阳光温暖而明媚，风也不甚喧嚣，这在敦煌地区是难得的好天气。市集上也是格外热闹，人群往来，有敦煌本地的居民，也有来自不同地区的商人。

市面上各类物什纹样精美，丝织品的摊位上既有来自西域的联珠纹的粟特织锦，也有来自中原的团花纹丝绸。金银器的摊位上，摊主新摆出一批装饰有宝相花纹的酒具和食器。不远处，售卖马具的商铺也摆出了最近流行的装饰有团花纹样的马鞍。

一、原始的“四象”“八卦”团花造型

在《辞海》中，团花被解释为四周呈放射状或旋转式的圆形装饰纹样，圆不仅是团花最明显的特点，也是团花图案不可或缺的元素。圆的造型特点，在中国传统审美思想和佛教众多经典中也有体现。在唐朝，随着佛教的盛行，团花花纹变得更加丰富。从敦煌莫高窟唐代洞窟的图像遗迹中，可以看到团花花纹的典型性和普遍性。

◀ 甘肃敦煌莫高窟初唐第 211 窟藻井中心团花纹线描图 黄湘婷绘

初唐时的团花纹样原始结构是四瓣结构，将圆形区域简单地一分为四，于上下左右各绘制一个花瓣，此时的藻井团花，也基本都是四分结构，呈现出复合格局的形态。后来出现的八瓣团花结构，则可以视作四瓣的复合版，两个同心十字呈 45° 角，形成米字结构的八瓣骨架。

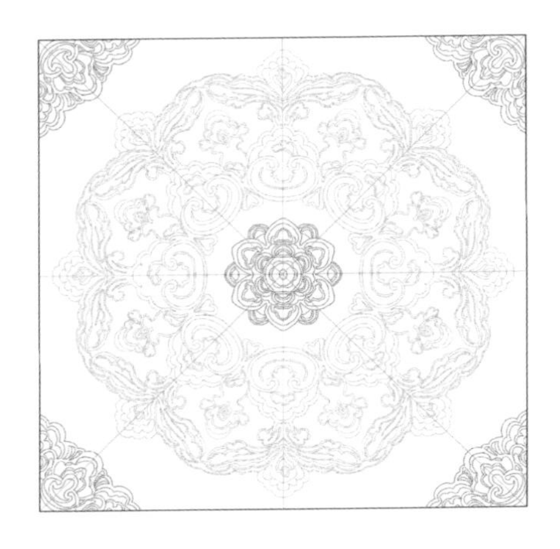

◀ 甘肃敦煌莫高窟盛唐第 320 窟藻井中心团花纹线描图　黄湘婷绘

敦煌莫高窟盛唐洞窟窟顶的藻井团花，花纹层次丰富、造型饱满，可以看作唐代团花纹样的典范和顶峰。复杂的层次穿插在八瓣骨架结构之间，米字结构庄重而华丽，与八卦的结构有异曲同工之妙。如上图第 320 窟的藻井团花，整体结构非常清晰，中间为主要元素尖莲，外围由复杂的莲花花瓣构成了整个团花框架。

这个变化的背后也蕴含着古人的文化精神，因为在中国传统思想中，始终贯穿着对“四”和“八”的解读。《易经》中就有着四象之说，两仪生四象，以四象把事物的发展规律表述成八个卦象的组合，就有了八卦。团花纹样不同于卷草纹样和火焰纹样，整体格局是向四面八方变化的，这更符合中国传统审美对于平和、稳定状态的向往。

二、受吐蕃影响的六分团花

敦煌地区在公元八九世纪时曾由吐蕃王朝统治，吐蕃统治者对于佛教十分崇尚，这也影响到石窟艺术中团花花纹的表现形式。从整体上看，这一时期团花纹样的层次逐渐减少，六分结构成为其主要特征，五分则居其次。

六爻成卦，是中国古代哲学中推演天地人万象变迁的方式，六爻、六合、五行等都是古代中国传统世界观的理论组成部分，六分、五分结构的团花则是这一世界观的体现。与传统庄重大气的十字形结构相比，六瓣团花纹样的发展趋势更为随意，视觉效果偏柔和。此时的团花纹样也去掉了带宗教性质的莲花元素，取而代之的是山茶花和如意卷云。自然界中的单层山茶花，花瓣数量一般是 5—7 瓣，与团花纹样基本相符，这也体现了团花花纹的宗教性被消解，自然亲和与世俗化的风格愈加明确的特点。

中唐以后，尤其是晚唐时期洞窟的团花往往以平棋结构出现。平棋结构像是方格状的棋盘，它的装饰面由多个单独的团花纹样构成。就单体团花来讲，体量感和视觉冲击有很大程度的减弱，如莫高窟第 232 窟的晚唐团花纹样，已经将装饰的细节元素大幅度减少，而且单体图案的描绘层次也弱化很多。花卉原有的特征变得模糊，形状变得更加通俗流行。

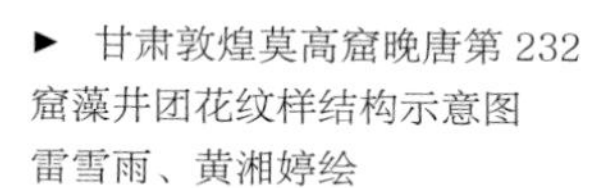

► 甘肃敦煌莫高窟晚唐第 232 窟藻井团花纹样结构示意图 雷雪雨、黄湘婷绘

三、宝相花：大唐的时代之花

宝相花可谓大唐的时代之花，也是团花中最著名的一种，它不是现实中存在的花形，而是人们理想中的花。宝相花纹样是一种随佛教活动产生的纹样，是在根深蒂固的十字模式下，以正面莲花造型为基础，由单元花瓣重复排列形成的圆形放射结构纹样。它经过艺术加工，常用于佛教壁画和雕刻的装饰中，为东西方文化交融下诞生的理想之花，更是唐代图案中最具代表性的符号之一。

宝相花纹样在唐代同样经历了瓣形不断变化的过程，可以将其特征概括为两种：一是由多元素纹样组合而成的混合之花；二是具有由中心向外多层次展开的放射式对称结构，是团窠近圆形且相对独立的花卉纹样。

▲ ① ② 甘肃敦煌莫高窟第 170 窟和 74 窟中的宝相花纹示意图　黄湘婷绘

▲ ① ② 甘肃敦煌莫高窟藻井宝相花纹示意图 雷雪雨绘

宝相花纹样盛行于唐朝，主要形式有瓣式宝相花纹样、团式宝相花纹样、花朵式宝相花纹样等。其应用载体也越来越广泛，金银器、敦煌图案、石刻、织物、刺绣等均有使用。在宋代及以后，宝相花纹程式化地进入建筑、织物、雕刻等领域，成为重要的装饰纹样，逐渐融入中华文化里，成为中华文化代表性的艺术符号之一。

四、从忍冬纹到卷草纹

提到唐朝的特色图案，一定要说的还有忍冬纹，它是随着佛教艺术在中国兴起而出现的一种外来图案。在战乱频发、时局动荡的魏晋南北朝时期，受外来文化影响，忍冬纹是被大量装饰于佛教建筑中的植物纹样。忍冬为药草名，《本草经集注》中记载其“凌冬不凋，故名忍冬”。这种植物因其坚韧意味，而获得了“忍冬”之名。它还有个俗称叫“金银花”。但是忍冬纹的来源并不是我们常说的“忍冬草”，作为装饰纹样，忍冬纹在现实中很难找到原型，它是经过设计者主观处理后的理想化造型。关于它的源头，一些学者指出它的样式来自美索不达米亚平原、古希腊、犍陀罗等地的棕榈纹或莨苕(gèn tiáo) 纹。在其向东传播的过程中，不断加入新样式，到敦煌后，更融入本土的文化背景而有了新的变化。

到了唐代，佛教装饰的使用更加广泛，忍冬纹因其寓意美好，被人们普遍接受而盛极一时。敦煌的忍冬纹既不像山西大同云冈石窟雕刻中的忍冬边饰那样华丽，也不似新疆石窟壁画中忍冬边饰那样强调凹凸变化、不镂空地，而是以一个单叶忍冬纹样作为基本单位，不论组成何种式样，其侧视叶状的形象和结构脉络总是清晰完整的。

◀ 甘肃敦煌莫高窟西魏第288窟人字坡忍冬纹示意图　黄湘婷绘

初唐时期，忍冬纹是较早出现的植物变形纹样。其特征为三瓣叶或四瓣叶图形，组成波浪形、圆弧形、方形、菱形、心形、龟背形等边饰，并在缠枝藤蔓中间配置鹦鹉、孔雀、玉鸟、仙人等图形，以富有变化的组织形式构成有节奏的图案，其中有单个图案、二方连续、四方连续等不同构成形式，多出现在石窟中的藻井和佛像雕塑的背光中。

由忍冬纹发展演化而来的卷草纹，初唐时期其形式为多茎多叶，花叶首尾相连，叶纹翻转卷曲，以柔和的波浪状组成连续的草叶纹样装饰带。卷草纹因为在唐代非常流行，所以也被称为“唐草”，也是唐代最具代表性的图案纹样之一。

▲ 甘肃敦煌莫高窟初唐第340窟卷草纹示意图　黄湘婷绘

到了盛唐，经济富足和文化兴盛的社会环境使得人们的审美更倾向于雍容富丽的表现形式，卷草纹整体造型也趋于丰满圆润，醇厚丰盈。此时，卷草纹与花卉图案融合，样式已与传统忍冬纹相去甚远，只保留了其波状连缀的构图形式，造型丰厚磅礴，流畅完满。

▲ 甘肃敦煌莫高窟盛唐第 148 窟多枝石榴卷草纹示意图　黄湘婷绘

中唐时期，卷草纹边饰由植物枝叶与花果共同构成，传统忍冬纹边饰中茎叶的结构线作用被明显削弱，叶瓣云纹造型明显。

到了晚唐，卷草纹造型已趋于稳定，花叶与飞龙游凤等动物造型组合，形成丰腴雅致的"唐草"风格。

▲ 甘肃敦煌莫高窟晚唐第 12 窟茶花卷草纹示意图　黄湘婷绘

五、服饰纹样与壁画的关联

从壁画中可以发现，唐朝人物服饰上也应用了各种图案，还创造性地把忍冬纹、卷草纹、团花、宝相花、几何连续纹、动物图案结合在一起，并用一些写实和变体的手法表达含蓄的意境美。从壁画和其他资料来看，这些精美的图案通过染织、刺绣等工艺表现在服饰上。唐代的染织技艺也到达了一个新的历史高度，涵盖了各种复杂工艺与改良，如缂丝技术、丝绒技术、以纬锦替代经锦提花，以及斜纹、缎纹的变革等。

其中的“唐锦”是最具时代特色的织物，它采用了纬线起花的新手法，形成的图案较以往的经锦起花更为细致，能够表现更多的色彩和图案细节，因此大受欢迎。这些技艺都为花纹在面料上的应用提供了更多可能性。在敦煌莫高窟壁画上的服饰里，纹样出现的部位集中在衣身前后、袖口、裙片、裙摆、腰带，以及垂下的披帛上，主要作为边饰，应用范围十分广泛。

▲ 甘肃敦煌莫高窟盛唐第130窟《乐庭瓌夫人供养像》披帛上的写生型折枝花纹示意图　黄湘婷绘

唐代服饰的图案纹样与莫高窟壁画上的图案纹样关联密切，可以称得上是世俗艺术与工艺艺术的共荣共生。而且人物服饰上绘制的团花纹样与同时期洞窟壁画上的团花纹样在形制方面也有很强的一致性。例如初唐或盛唐服饰上的团花纹样或半团花纹样与同一时期的藻井、壁画边饰等一样具有复杂的结构，都常出现用莲花和忍冬对叶来塑造尖瓣的花朵形态，内部所用的花朵元素繁杂，是将牡丹、忍冬、莲花、茶花等不同花形糅合在一起形成的纹样。这样的纹样不仅在壁画上有强烈的装饰效果，在服饰上同样能展现出富丽华贵的风貌。而到了晚唐，服饰上的花卉元素开始减少，造型也逐渐单一，与洞窟主体装饰纹样风格几乎一致。

▲ 甘肃敦煌莫高窟晚唐第196窟塑像上的团花示意图　黄湘婷绘

除了常见的花叶、鸟兽图案外，敦煌绢画、壁画上还有特别的“鱼鳞”纹。长长的蓝色曳地裙，一层一层的渐变色，女性胸部以下，仿佛化身人鱼的尾巴，布满规则的鳞片。这种纹样应该是通过某种缬染的方式制作出来的，充满了梦幻的色彩。这种圆弧形层叠的形式，也应用在了敦煌壁画的其他地方，装饰在不同的艺术载体上。由此可见，敦煌的浪漫是跨越时空的，从壁画到服饰，通过纹样连为一体。

▲ 穿鱼鳞纹长裙的仕女
甘肃敦煌莫高窟藏经洞绢画局部，英国大英博物馆藏

▲ 穿鱼鳞纹长裙的供养人
甘肃敦煌莫高窟第 231 窟壁画局部

► 穿鱼鳞纹长裙的仕女　徐央绘

场景三十二　令人一见倾心的飞天形象

佛诞节前几个月，敦煌地区有供养人要新凿一窟供养佛像。一名在敦煌工作了三十余年的老画工接到上级画官派发的新任务，带领弟子为这一新窟设计并绘制壁画。次日，老画工便带着弟子们来到了已经开好的洞窟。大概了解了洞窟的大小和供养人的需求后，老画工和弟子们便开始做相关的准备。首先要在石窟面上做一层“壁画地仗”，即依次在砂砾岩窟面上压抹一层沙土和草秸混成的粗草泥，等干透后，再抹一层窟前河床上的澄板土与麻丝混成的泥，最后还要刷一层石灰或者石膏的粉层，这样才能更好地绘制壁画。

在等待墙面干透的时间里，老画工和弟子们一起对洞窟墙壁上要画的内容做了规划，按照供养人的要求，设计稿中增加了不少飞天的形象。墙壁干透之后，技艺娴熟的老画工在对墙面进行整体划分后，直接用笔蘸上浅红色颜料在墙面上勾画线稿并加上色标。完成之后，他便可以稍事休息，指导弟子们依据色标对壁画直接上色，且最后勾画出定形线。

一、转换为宫娥舞女的飞天艺术

“有金像辇，去地三尺，施宝盖，四面垂金铃七宝珠，飞天伎乐，望之云表。”这是南北朝杨衒之在《洛阳伽蓝记》中对飞天形象的生动描写，这些独特的形象遍布敦煌莫高窟，他们自由飞行于天空，姿态优美。中国的飞天形象是以印度的飞天形象为基础的，刻画的是佛国天宫中做供养、礼佛和乐舞的天人，随着时间的推移，唐朝的飞天形象摆脱了印度神人的形象，初见雍容华贵的大国气象，并融合了道家、儒家等中华民族传统文化思想和色彩绮丽的审美偏好，形成了独具特色的造型艺术。唐朝是飞天形象达到鼎盛的时期，李白在咏赞敦煌飞天的诗中云，“素手把芙蓉，虚步蹑太清。霓裳曳广带，飘拂升天行”（《古风·其十九》），绘出了一幅优雅飘逸的神女飞天图。

一般意义上讲，要有翅膀才能飞世行天，而敦煌的飞天则是在佛教文化的影响下，借助飘舞的彩带和衣裙形成“飞”的动势。在万千的飞天壁画中，可以发现唐朝的飞天有三点特性：第一是形象受世俗化影响明显，与人们的社会生活最为接近，整体上有强烈的仕女画风格；第二是性别由男性转为女性，从壁画的飞天形象看，自唐朝开始已经确定了飞天形象为女性，包括相应的面容、服饰和配饰也确定为女性所属；第三是飞天的姿态有了很大的改变，在前期U形、V形或L形的基础上，衍生出了具有极强曲线美和律动感的S形，结合环绕周身错落有致、随风飘扬的衣裙和丝带，创造出了上升、俯冲、盘旋等姿态，或手舞足蹈，或散花供养，或吹箫弹奏，或高捧花盘等多种造型，形成扶摇直上、飘飘欲仙的神秘虚幻之态。

敦煌壁画上的飞天形象，往往上身接近袒露，环绕披帛，下着裙摆呈锯齿状的长裙，裙摆长度既有露足的，也有较长不露足的。将这种样式与菩萨的装束对比，可以看出二者大致相同，如均为头戴宝冠、上身赤裸、颈饰项圈、肩披丝帛、下裹长裙等，都是菩萨法相中的标准样式。也就是说，从严格意义上讲，飞天的装束是基于佛教的装束范式，很大程度上也受到印度的影响。

唐朝时期的飞天形象，腰部通常会围有一条或两条裙，通常不分前后片，呈长方形围裹在腰间。也有的飞天形象系有腰带，身前打一个 X 形结，飘带随身体在空中摇曳飞舞。裙下摆是三角形的飘片，极富造型美感。此外，如果对比唐朝民间妇女的装束，可以看出工匠们笔下的飞天形象是一种对世俗的超越。

如下图中的飞天造型，上半身赤裸，下身穿两层深红色长裙，裙腰部分下翻，露出裙摆部分的石绿色面料，肩披蓝白色飘带。从整体上看，飞天形象中的服饰、配饰乃至面部贴花都是与时代特征和风俗息息相关的。

◄ 甘肃敦煌莫高窟第 435 窟中的飞天形象

二、飞天披帛的演化与应用

披帛是飞天的一件重要服饰，它常缠绕在飞天的两臂，在肩后对称形成圆环状，以此增强飞天的动感。在配饰上，飞天常束髻戴冠，颈饰项圈，戴臂钏。臂钏是佩戴于女子手臂上的饰品，通常是用金、银、玉等制成的圆环，能够把人们的视线吸引到女子的手臂上。

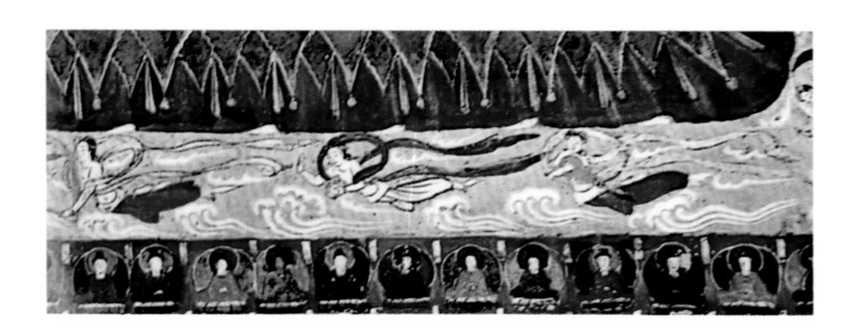

◄ 甘肃敦煌莫高窟第 322 窟窟顶北坡壁画上身披披帛的飞天

上图中的飞天在淡蓝色天空中的片片白云之间轻盈舒展地飞过，她们演奏着乐器，上身赤裸，没有华丽的衣饰，只有长长的飘带，展现出一副悠闲的神情。这些飞天人物手舞足蹈，相互追赶，凌空飞跃、盘旋在众佛头顶，宛如在天宫遨游。披帛搭在双臂上从身后绕一圈，形制和唐代的舞伎类似，非常细长，颜色丰富。

► 仿敦煌飞天造型
图片来源：杨娜

唐代飞天披帛的长度被夸张到三倍于身长，或呈弧形，或呈螺旋状，婉转多变，使飞天的动态美感与气韵相得益彰，这种独具特色的造型之美也使得唐代敦煌飞天成为最具代表性的飞天形象。

三、千姿百态的伎乐天造型

伎乐飞天作为飞天形象的重要组成部分之一，在飞天壁画中占有很大比重。在古代，“伎”一般是对歌舞艺人的统称，演奏乐器则是由“乐伎”完成。而敦煌壁画中的“伎乐天”，特指在天穹里负责奏乐和起舞的乐伎。他们为数众多，分布在洞窟的不同位置，有的直冲云霄，有的鱼贯遨游，有的悠然弄弦，极具观赏性和时代特征。他们身影如燕，长长的舞带随风飘荡，仿佛散落于天际的花朵。

莫高窟的龛顶也出现了很多飞天，他们姿态各异，演奏着各类乐器，飘带轻盈地飞扬，结合他们富有节奏感的动势和飘动的披帛，也展示出音乐舞蹈的旋律。如第 209 窟的飞天壁画中，窟顶西披中央是佛像，左侧的两身飞天分别吹奏着筚篥（bì lì）和笙飞来，身上的披帛长而舒展，右侧的两身飞天，一身弹奏琵琶，一身吹着排箫，神情悠然，飘带长长展开，周围彩云飘浮，绚丽多彩。

▲ 甘肃敦煌莫高窟第 209 窟窟顶西披的乐伎飞天

唐代的国力强盛、文化兼容并蓄，让这一时期的飞天带有强烈的轻盈飘逸的审美意蕴。他们修长的体态，配合长长的披帛，再加上千姿百态的飞天动势，让整个洞窟仿佛流动起来，展现出昂扬向上、灵动自由的艺术风貌。从这些伎乐天的造型中，也可以体会到唐朝服饰、音乐、舞蹈中的时代特色，饱含着雍容大度的精神和艺术家充沛的创造力。

四、经久不衰的反弹琵琶艺术

反弹琵琶是敦煌艺术中最优美的舞姿，它劲健而舒展，迅疾而和谐，本质是又奏乐又跳舞的表演，把高超的弹奏技艺、绝妙的舞蹈本领、优雅迷人的形象进行集中展现。根据目前研究，该形象最早可见于陕西西安开元二十五年（737）贞顺皇后墓石椁线刻画，其中就有胡人男子反弹琵琶的形象，到了中晚唐，该艺术形象已经在敦煌壁画中大量涌现。如今，反弹琵琶形象已经家喻户晓，并成为一张无言的敦煌名片。

▲ 甘肃敦煌莫高窟第 112 窟壁画中的伎乐菩萨反弹琵琶造型

最经典的造型是莫高窟第 112 窟的反弹琵琶造型，图中人物形象优美，单腿上提，身披披帛，呈现出跃动上升的动势。壁画中的伎乐天左手高扬按弦，右手反弹拨弦，整个画面充满了韵律与动感。遗憾的是，随着千年岁月的沧桑变幻，“反弹琵琶”形象现在只能在壁画中以静态形式向观众呈现，今人只能根据唐朝画工笔下捕获的这一帧画面展开想象，学术界甚至出现了反弹琵琶并非真实场景的再现，而是融入画工的自我创作意识的艺术再创造的观点。反观当下的唐代乐舞复原表演，琵琶更多成为视觉装饰，对于演员而言只是跳而不弹的道具。

总而言之，丝绸之路上除了丝织、刺绣、纹样、服饰、乐舞，还有很多艺术创作，这些内容和塑像、壁画、建筑一起，在文化交融和变迁中成为中华文化的重要组成部分，构成了丰富多彩的中国古代艺术，使敦煌直到今天还是我们可以不断学习和发掘的宝藏，也是值得我们去溯源与传承的文明瑰宝。

后记

本书几经打磨、几易其稿才得以面世，书中处处凝结着参与者的心血，真的是痛并快乐着。

最初的设想是写一本浅显的科普图书，并非考究的学术论著，但是真正动手落笔时，才发现这里的“浅显”指的是深入浅出，而不是肤浅简陋。于是我们不得不去重翻史料、抠细节，还专门跑到博物馆去拍摄文物，进一步确定推测的可靠性。也许本书谈不上考据，但也尽了最大努力做到有凭有据，相对严谨。

华夏衣冠汉服体系在唐朝到达了一个巅峰，取得了辉煌的成就。若是将服饰文化比作一棵大树，到了唐朝，就仿佛进入了盛夏，这棵大树枝繁叶茂、郁郁葱葱。这个时期的服饰大气磅礴、恢宏璀璨，上承周汉、下启宋明，是极为关键的一个时期，也是我们今天取之不尽、用之不竭的珍贵历史资源。

但是由于年代久远，丝织品保存不易，我们今天在复原、构拟、推定唐朝服饰时，遇到的最大困难就是缺乏实物资料，一如从一地散碎的瓷片中，选择钩稽并尝试拼贴出原来的面貌。这个过程充满了挑战和不确定性，甚至在绘制翼善冠、进德冠时，我用的是“推测”一词。又如关于李倕冠的整体形象的复原与推定，目前有十几种推测方案，有的认为冠体高耸，有的认为类似进贤冠，有的认为冠的翅膀竖放在脑后……我逐个分析之后，综合认为，应该以开元时期的倭堕髻发型为基础，以左右簪的方式排布首饰最为合理。再如翟衣，文献记载的是“花树、钿钗”，但是文物资料中，又出现发冠、凤冠、发钗、垂珠等形象，非常具有迷惑性。一个“钿钗礼衣”，让人在敦煌供养人那里打了无数个兜转。

感谢杨娜，她不仅撰写书稿，还前后奔波，承担了大量的幕后工作。

感谢徐央，真正的考证加绘画的双料“大神”。很多我不确定的史料细节，靠她才得以完成。全书的白描线稿，乃至绝大部分礼服、部分彩色效果图都是她的杰作。可以说，没有她就没有这本书。

感谢“纳兰美育”的徐向珍老师，她的专业实力令人佩服。

感谢装束复原团队和桑缬品牌，以及汉服品牌莺梭、乔织、彰汉堂、佳期阁、重回汉唐、长真、双玉瓯、皇家传承（排名不分先后）的授权，他们的作品精美考究、干货满满。同时也感谢图片相关的模特、摄影、后期、化妆师、道具师、服装造型师等老师的大力支持！

感谢参与本书绘图工作的木月、雪雪、空心砚、黄湘婷、练婉君、雷雪雨、龚如心、王梓璇、齐梓伊、陈朴筠、天楼、了了君（排名不分先后）……

感谢汉流莲和铉姬，对本书进行了技术支持；感谢琥璟明、玩皮造甲的逸飞、南毅和东岛先生，对本书进行了考证方面的指导。

感谢余木和青林白鸟，除了撰稿，还统筹联络。特别感谢诸多网友，如果果、南陌、子午莲、鸩羽千夜、嘉林……他们帮助我一点一滴地将工作向前推进。

感谢信阳的薇薇、西安的旎篱、洛阳的久美、重庆的花妖、加拿大的百里奚、阿根廷的未央君、微博上的如影随行忙着……还有太多朋友给予了本书莫大的支持，实在是无法一一罗列，在此一并鞠躬表达感激之情。

由于水平有限，书中难免存在错谬之处，还请方家批评、指正。

著者　张梦玥

2024 年 10 月

参考文献

[1] 楼航燕 . 唐之雍容：2021 国丝汉服节纪实 [M] . 上海：东华大学出版社，2022.

[2] 杨娜，张梦玥，刘荷花 . 汉服通论 [M] . 北京：中国纺织出版社， 2021.

[3] 左丘萌，末春 . 中国妆束：大唐女儿行 [M] . 北京：清华大学出版社，2020.

[4] 崔圭顺 . 中国历代帝王冕服研究 [M] . 上海：东华大学出版社，2008.

[5] 徐光冀，汤池，秦大树，郑岩 . 中国出土壁画全集 [M] . 北京：科学出版社，2012.

[6] 周天游 . 蓦然回首现光华：第四届曲江壁画论坛论文集 [M] . 北京：文物出版社， 2022.

[7] 沈从文 . 中国古代服饰研究 [M] . 北京：商务印书馆，2011.

[8] 赵丰 . 寻找缭绫：白居易《缭绫》诗与唐代丝绸 [M] . 杭州：浙江古籍出版社，2023.

[9] 吴山 . 中国纹样全集 [M] . 济南：山东美术出版社，2009.

[10] 孙机 . 中国古舆服论丛 [M] . 上海：上海古籍出版社，2013.

[11] 阎步克 . 服周之冕：《周礼》六冕礼制的兴衰变异 [M] . 北京：中华书局，2009.

[12] 黄文弼 . 吐鲁番考古记 [M] . 桂林：广西师范大学出版社，2023.

[13] 陕西省考古研究所 . 唐惠庄太子李㧑墓发掘报告 [M] . 北京：科学出版社，2004.

[14] 周立，高虎 . 中国洛阳出土唐三彩全集 [M] . 郑州：大象出版社，2007.

[15] 森林鹿 . 唐朝穿越指南：长安及各地人民生活手册 [M] . 北京：北京联合出版公司，2017.

[16] 李芽 . 脂粉春秋 [M] . 北京：中国纺织出版社，2015.

[17] 马大勇 . 红妆翠眉：中国女子的古典化妆、美容 [M] . 重庆：重庆大学出版社，2012.

[18] 段丙文 . 唐代首饰、金银器研究 [M] . 北京：中国纺织出版社，2022.

[19] 齐东方 . 唐代金银器研究 [M] . 上海：上海古籍出版社，2022.

[20] 张道一，李星明 . 中国陵墓雕塑全集：两晋南北朝 [M] . 西安：陕西人民美术出版社，2007.

[21] 周天游 . 丝路回音：第三届曲江壁画论坛论文集 [M] . 北京：文物出版社，2020.

[22] 吕钊 . 丝绸之路沿线民族服饰研究：唐代 [M] . 上海：东华大学出版社，2018.

[23] 华梅 . 西方服装史 [M] .3 版 . 北京：中国纺织出版社，2020.